Christian Dürnberger

Ethik für die Landwirtschaft

Das philosophische Bauernjahr

Der Autor

Christian Dürnberger, Doktor der Philosophie und Magister der Kommunikationswissenschaften, arbeitet seit über einem Jahrzehnt an verschiedenen Forschungsinstitutionen zu ethischen Fragen in der Landwirtschaft.

Er ist gefragter Referent und Autor von Büchern zu diversen Themen, beispielsweise über Grüne Gentechnik, Bioenergie, Genome Editing oder moralische Herausforderungen im amtstierärztlichen Beruf.

Gegenwärtig arbeitet er als Philosoph am Messerli Forschungsinstitut, Abteilung Ethik der Mensch-Tier-Beziehung an der Veterinärmedizinischen Universität Wien, Medizinischen Universität Wien und Universität Wien sowie am Campus Francisco Josephinum Wieselburg. Frühere Arbeitsstellen waren die Ludwig-Maximilians-Universität München, das Institut TTN sowie die Hochschule für Philosophie München.

Copyright © 2020 Christian Dürnberger
Alle Rechte vorbehalten; veröffentlicht via Kdp.
Umschlagmotiv: Bild „Grass field under clear sky during sunset" von Simon Godfrey/Unsplash. https://www.simongodfreyphotography.co.uk/. Bearbeitung durch den Autor.
ISBN: 9798637671571

Zitationsvorschlag: Dürnberger, Christian (2020): Ethik für die Landwirtschaft. Das philosophische Bauernjahr. Kdp, Salzburg.

Moral zu predigen ist so leicht,
wie es schwer ist,
Moral zu begründen.

Nach Friedrich Nietzsche

Eine Ethik für die Landwirtschaft

Landwirtinnen und Landwirte sehen sich gegenwärtig vor neue Herausforderungen gestellt: Ihre Arbeit ist umstritten, das gesellschaftliche Wissen um die Nahrungsmittelproduktion gering – die Erwartungen, die an Landwirtschaft gerichtet werden, sind es jedoch nicht. In diesem Spannungsfeld sollen Bäuerinnen und Bauern nicht nur ihrer besonderen Verantwortung gerecht werden, mehr als das: Sie sollen in den Debatten Rede und Antwort stehen.

Zum modernen landwirtschaftlichen Berufsbild gehört demnach ethische Reflexionsfähigkeit: Landwirtinnen und Landwirte sollen wertebewusst agieren und sich selbst in den gesellschaftlichen Debatten verstärkt zu Wort melden.

Ethik für die Landwirtschaft also. Was aber ist Ethik? Wie lassen sich die neuen gesellschaftlichen Erwartungen beschreiben? Und was bedeutet Verantwortung mit Blick auf Nahrung, Umwelt, Klima und Tiere?

Das vorliegende Buch liefert Antworten. Es ist dabei keine fachphilosophische Arbeit, sondern wendet sich explizit an die Bäuerinnen und Bauern selbst. Der Stil ist daher bewusst alltagssprachlich gehalten. Die Lektüre soll dabei helfen, das landwirtschaftliche Berufsfeld und einhergehende Kontroversen besser zu verstehen, Schlüsselbegriffe zu klären und die selbstständige ethische Urteilsbildung zu fördern. In diesen Zielsetzungen ist das Buch im Besonderen für die landwirtschaftliche Ausbildung relevant, denn es sind nicht zuletzt die jungen Landwirtinnen und Landwirte, die sich den neuen Herausforderungen zu stellen haben.

Das Selbstverständnis des Buches ist dabei zurückhaltend, wenn es um Urteile geht: Es will nicht beantworten, was moralisch richtig bzw. falsch ist, sondern vielmehr Debatten und Positionen beschreiben und auf diesem Wege zum selbstständigen Nachdenken anregen. In diesem Sinne ergreift es nicht Partei: „bio" oder „konventionell"? Fleisch essen oder doch vegan? Grüne Gentechnik oder Alternativen? Das Buch versteht Ethik vielmehr in der Tradition Trutz Rendtorffs: Ethik ist kein Besserwissen, sondern ein Begleitwissen, das gerade jene Menschen unterstützen soll, die praktisch arbeiten und die Entscheidungen treffen müssen.

In anderen Worten: Der Autor weiß durchaus darum, dass der US-Präsident Dwight D. Eisenhower damals Recht hatte, als er schrieb: „Landwirtschaft sieht einfach aus, wenn der Pflug ein Bleistift ist und man tausend Meilen vom Feld entfernt ist." Es gibt schon genug Bücher, in denen die Philosophie vorgibt, alles besser zu wissen. Und doch: Philosophisches Denken kann auch für Bäuerinnen und Bauern ein Gewinn sein. So kann es beispielsweise – frei nach David Foster Wallace – „die Verstörten trösten und die allzu Gemütlichen verstören."

Das Vorwort ist auch der passende Ort, um zu klären, wer hier eigentlich schreibt: Geboren und aufgewachsen in Oberösterreich, studierte ich von 2001 bis 2007 Philosophie und Kommunikationswissenschaften an der Universität Wien. Seit dem Jahr 2008 arbeite ich an diversen Institutionen in Deutschland und Österreich im Bereich der Philosophie zu Fragen der landwirtschaftlichen Ethik. Zu nennen sind hier: Ludwig-Maximilians-Universität München, Institut TTN, Hochschule für Philosophie München, Messerli

Forschungsinstitut an der Veterinärmedizinischen Universität Wien, Medizinischen Universität Wien und Universität Wien und Campus Francisco Josephinum Wieselburg. Zu den entsprechenden Themen habe ich im vergangenen Jahrzehnt zahlreiche Vorträge und Workshops gehalten, d.h.: Ich hatte in all der Zeit immer wieder intensiven Austausch mit Landwirtinnen und Landwirten.

Das Buch hat zwölf Kapitel – und dies ist kein Zufall. Landwirtschaftliche Arbeit ist eingebettet in den Kreislauf der Jahreszeiten. Es gibt eine Zeit zum Säen und eine Zeit zum Ernten. Es gibt Monate, in denen es extrem stressig ist, und Wochen, in denen es ruhiger zugeht. Das Buch ist gewissermaßen ein philosophisches Bauernjahr: Ein Kapitel für jeden Monat.

Da ich darum weiß, dass Landwirtinnen und Landwirte einen zeitintensiven Job haben, der es nicht unbedingt erlaubt, viele Texte abseits der fachlichen Fortbildung zu lesen, ist das Buch dabei wie folgt aufgebaut: Jedes Kapitel kann *einzeln* gelesen werden. Sprich: Wenn man sich nur für das Thema eines bestimmten Kapitels interessiert, dann braucht es nicht notwendigerweise die Lektüre der vorangegangenen Kapitel, um die Inhalte zu verstehen. Man kann also selektiv vorgehen.

Das Buch kann auch als Lehrbuch Verwendung finden: Für Studierende findet sich am Ende ein Anhang mit einem Selbsttest, also mit potentiellen Prüfungsfragen, die zeigen, inwieweit man zentrale Begriffe und Konzepte adäquat verstanden hat; dort werden auch die weiterführenden Reflexionsfragen als Aufgabenstellungen für selbstständige Diskussionen, wie sie am Ende von bestimmten Kapiteln zu lesen sind, wiederholt.

Selbstverständlich ist diese Einführung in eine Ethik für die Landwirtschaft alles andere als erschöpfend. Viele essentielle Fragen, Themen und

Perspektiven werden nicht einmal gestreift. Es handelt sich vielmehr um einen groben Wegweiser für dieses Themenfeld.

Das Buch bemüht sich um eine gendergerechte Sprache. Gerade in der Landwirtschaft bleiben Frauen bislang oft „unsichtbar". Im Folgenden werden weibliche und männliche Formen daher abwechselnd verwendet. Die Aussagen meinen stets alle Berufsangehörigen.

Und schließlich braucht ein derartiges Buch Feedback. Wenn Sie die Lektüre erfreut, verärgert, zu Kommentaren oder Widerworten einlädt... schreiben Sie mir. Man könnte nun Adressen nennen, unter denen Sie mich erreichen, aber Adressen altern schnell. Googeln Sie mich – Sie werden mich finden.

Bleibt nur noch eines zu sagen: Ich hoffe auf eine anregungsreiche Lektüre.

Christian Dürnberger

Salzburg, April 2020

Inhalt

1. Kapitel

Der Streit um die Landwirtschaft.
Was hat sich geändert?

Die Landwirtschaft sorgt für hitzige Debatten. Sie ist umstritten wie wohl noch nie zuvor in der Geschichte. Es geht um Tierquälerei, Umweltverschmutzung, die Auswirkungen auf die Klimakrise, Glyphosat oder auch den Einsatz von Antibiotika, um nur einige, wenige Themen zu nennen. Regelmäßig schaffen es landwirtschaftliche Themen auf die Titelseiten, und als geübter Medienkonsument weiß man: Es ist in der Regel nicht gut, auf der Titelseite zu stehen zu kommen. Man denke an die viel diskutierte Artikelserie „Die Rache aus dem Stall" der „Zeit" oder an die „Spiegel"-Titelgeschichte „Das Schweinesystem. Wie uns die Fleischindustrie krank macht."

Darüber hinaus wird die grundsätzliche moralische Frage diskutiert: Darf man überhaupt Tiere halten, um sie zu nutzen und zu schlachten? Ist es moralisch rechtfertigbar, Tiere zu essen? Oder ist dies unmoralisch? Der Philosoph Richard David Precht beispielsweise geht davon aus, so gab er jüngst in einem Interview zu Protokoll, dass es in einem Land wie Deutschland in einigen Jahrzehnten nur noch einige, wenige Schlachthöfe geben wird – und zwar als *Gedenkstätten*, da mehr und mehr Menschen die Nutzung von Tieren für die Nahrungsmittelproduktion als moralisch verwerflich empfinden werden.

Aber nicht nur in den Medien und in den öffentlichen Debatten werden landwirtschaftliche Themen kritisch und kontrovers diskutiert, auch vor Ort spitzen sich Konflikte zu: Wo neue Stallungen geplant werden, dort organisiert sich mittlerweile meist eine Bürgerinitiative, die gegen den Bau protestiert.

Oder Nachbarn beschweren sich über Lärm und Geruch von landwirtschaftlichen Arbeiten. Wir diskutieren heute also anders über Landwirtschaft als vor einigen Jahrzehnten. Warum eigentlich?

Was hat sich geändert?

Man könnte antworten: „Landwirtschaft wird heute kritischer gesehen, da es mehr kritische Medienberichte gibt als früher." Obwohl die Aussage über die zunehmende mediale Kritik wahrscheinlich stimmt, ist die Erklärungskraft gering, vielmehr kann die Rückfrage gestellt werden: Warum berichten Medien heute zunehmend kritisch über landwirtschaftliche Themen? Ähnlich verhält es sich mit der Antwort „Die jüngsten Landwirtschaftsskandale erschütterten das Vertrauen der Gesellschaft in die Nahrungsmittelproduktion", denn auch hier liegt die Rückfrage auf der Hand: Gab es früher keine derartigen Skandale? Oder nicht sogar mehr, aber sie wurden eben nicht als Skandale wahrgenommen?

#1 Wir sind satt

Eine erste tatsächliche Erklärung verweist auf die simple Tatsache: Wir sind satt. Historisch und auch geographisch gesehen eine Seltenheit, können und müssen wir festhalten, dass ausreichend Nahrung für uns eine Selbstverständlichkeit geworden ist. Wir leben demnach in einer Gesellschaft, die keinen Mangel, sondern nur Überfluss kennt. Die Supermarktregale sind stets prall gefüllt. Bei jedem Produkt stehen wir vor einer riesigen Auswahl. Und selbst in den ersten Wochen der Corona-Krise, in der dieses Buch geschrieben wurde, muss die Bevölkerung keineswegs hungern.

Der Umstand, dass eine Gesellschaft satt ist, ändert für die Landwirtschaft nahezu alles: Denn wer keinen Hunger leidet und Nahrungsmittel zu extrem günstigen Preisen erstehen kann, dessen Erwartungshaltung ändert sich. Er kann es sich beispielsweise leisten, kritischer auf die Produktionsweise von Nahrung zu blicken und nach den Konsequenzen für Umwelt, Klima und Tiere zu fragen.

Sogleich denkt man hier an das berühmte Diktum von Bertolt Brecht: „Erst kommt das Fressen, dann die Moral." Und so ganz unpassend erscheint es in diesem Kontext tatsächlich nicht, allerdings wird das Zitat oft abwertend verwendet, als wären all die Forderungen nach mehr Umwelt-, Klima-, und Tierschutz eine dekadente „Luxusdebatte" und bloß Zeichen einer Wohlstandsgesellschaft. Entsprechend müsse man all das „Gedöns" nicht wirklich ernst nehmen.

Vor diesem Verständnis ist jedoch zu warnen, präziser: Ja, es braucht in der Tat einen gewissen Wohlstand, um Debatten wie beispielsweise jene rund um das „Tierwohl" zu führen. Würde zurzeit eine Hungersnot in Europa herrschen, wäre davon auszugehen, dass wir nicht darüber diskutieren, wie viel Quadratmeter ein Schwein in seinem Stall zur Verfügung haben soll. Wir hätten andere, dringendere Probleme. Jedoch ist es nicht zu leugnen, *dass* wir zurzeit eben in Wohlstand leben – und wenn ein solcher Wohlstand erreicht wurde, *muss* über Werte jenseits der Ernährungssicherheit diskutiert werden. Wer satt ist, kriegt „Hunger" auf andere Werte. Und dann sind all die Diskussionen rund um Umwelt, Klima und Tiere aus Sicht der Bürgerinnen und Bürger *hochnotwendige* Auseinandersetzungen – und eben keine „Luxusdebatten" im Sinne von „verschwenderisch" oder „sinnlos".

An dieser Stelle sei auch davor gewarnt, dass sich Landwirtinnen und Landwirte eine Mangelgesellschaft zurückwünschen. Der Slogan „Ihr seid zu satt" könnte derart verstanden werden. Ja, Landwirtschaft wäre in einer

Mangelgesellschaft „einfacher", sprich sie hätte wohl ein höheres gesellschaftliches Ansehen; ein derartiger Wunsch erscheint dennoch zynisch. Seien wir lieber froh, dass wir einen Lebensstandard erreicht haben, der es uns erlaubt, über Fragen jenseits von „Wie werde ich heute satt?" nachzudenken.

#2 Neue Probleme – neue Werte

Gibt es noch weitere Gründe, warum wir heute anders über Landwirtschaft diskutieren als vor einigen Jahrzehnten? Man kann allgemein von einem Wertewandel sprechen: Werte wie Umweltschutz, Tierwohl und Klimaschutz sind in das Bewusstsein einer breiten Öffentlichkeit gelangt. Es gibt demnach Werte, die uns heute wichtiger sind als in der Vergangenheit. Entsprechend wird über die Rolle der Landwirtschaft diskutiert: Welche landwirtschaftlichen Praktiken belasten die Umwelt? Inwieweit verschärft die Landwirtschaft die Klimakrise? (vgl. hierzu im Besonderen Kapitel 4)

Viele Jahrhunderte lang war die Natur für den Menschen etwas so Mächtiges, so Bleibendes, dass er sie im Grunde kaum beeinflussen, mit Sicherheit nicht zerstören konnte. Diese Situation aber hat sich radikal geändert: Es leben einige Milliarden auf diesem Planeten, und ihr Lebensstil hat messbare Auswirkungen auf Umwelt und Klima. Darüber hinaus haben wir Techniken entwickelt, deren Konsequenzen weit in die Zukunft hinein reichen. In diesem Zusammenhang wird oftmals von einer „ökologischen Krise" gesprochen. Die beispielhaften Debatten sich zahllos: Erschöpfung der Ressourcen, Luftverschmutzung, Waldsterben, Ozonloch, Artensterben, Abholzung tropischer Regenwälder, Versteppung von Landstrichen, drohender Kollaps von Ökosystemen und vor allem die Klimakrise. Der Mensch versteht bei alldem zunehmend die Wirkzusammenhänge. So ist es unstrittig, dass unsere menschlichen Aktivitäten das Klima verändern. Die Folgen dieses menschengemachten Klimawandels sind auch bereits bei uns deutlich zu spüren. Das heißt: Der beschriebene Wertewandel basiert nicht zuletzt auf einem Problemdruck. Es gibt demnach gute Gründe, warum beispielsweise mehr Klimaschutz gefordert wird – auch von der Landwirtschaft.

#3 Gesellschaftliche Entfremdung

Es kann von einer Entfremdung zwischen Gesellschaft und Landwirtschaft gesprochen werden. Immer weniger Menschen haben einen Bezug zur Landwirtschaft, beispielsweise haben immer weniger einen Landwirt, eine Landwirtin in ihrer Familie oder kommen mit landwirtschaftlicher Praxis unmittelbar in Kontakt. Man könnte hierbei auch davon sprechen, dass die Landwirtschaft für die durchschnittliche Bürgerin „unsichtbar" geworden ist. Im Besondern die Nutztierhaltung findet immer stärker abgeschottet statt. Man denke an einen Schweinestall, der für Außenstehende hermetisch abgeriegelt erscheint. Dafür gibt es gute (hygienische) Gründe, zugleich aber wirkt eine derartige Produktion wie eine „Black-Box" – und eine solche kann mitunter Angst machen oder Skepsis erregen: Was passiert da hinter den Kulissen? (In diesem Zusammenhang kann gefragt werden, inwieweit Hygiene und Verbraucherschutz ungewollt zu einer noch stärkeren Entfremdung beitragen.)

All dies hat Auswirkungen auf die Wahrnehmung: Weniger Bezug bedeutet in der Regel nämlich nicht nur weniger Wissen. Das, was wir regelmäßig vor Augen haben, halten wir auch für normal, erscheint uns selbstverständlich; das, was wir selten oder gar nicht sehen, hingegen nicht. Dies führt gegenwärtig zur eigentümlichen Situation, in der die Produkte aus der Landwirtschaft uns stets vor Augen sind, die konkrete Produktion dieser Nahrungsmittel jedoch nicht. Das Eine erscheint selbstverständlich, das Andere wird hinterfragt.

#4 Die Landwirtschaft ist eine andere geworden

Nicht nur die Gesellschaft hat sich verändert – auch die Landwirtschaft selbst, und zwar teilweise radikal. Die Bauernhöfe wurden in den vergangenen Jahrzehnten immer weniger, aber größer. Die Produktivität wurde maßgeblich erhöht: Während ein Landwirt im Jahr 1900 durchschnittlich etwa vier Personen mit seinen Produkten ernähren konnte, liegt diese Zahl in einem Land wie Deutschland heute bei ca. 150 Personen. Es werden durchschnittlich mehr Tiere gehalten, es werden andere, verbesserte Techniken eingesetzt, die Digitalisierung erfasst die Landwirtschaft etc. Der Zug der Zeit macht vor keiner Branche Halt – wieso sollte er es ausgerechnet bei der Landwirtschaft tun?

Bei der gesellschaftlichen Beurteilung derartiger hochtechnisierter Betriebe zeigt sich dabei, dass Begriffe wie „Bauer" oder „Bauernhof" mit bestimmten normativen Erwartungen aufgeladen sind. Manche Bürgerin mag beispielsweise Bilder eines großen, „modernen" Betriebs sehen und die Frage stellen: „Kann man hier überhaupt noch von einem Bauernhof sprechen? Oder trifft es ‚Agrarunternehmen' nicht besser?" Was sich hier unter anderem zeigt, ist die Bedeutung kultureller Leitbilder in der Diskussion über Landwirtschaft – dieser Aspekt wird an unterschiedlichen Stellen dieses Buches diskutiert werden. (vgl. hierzu Kapitel 2 und 8)

#5 Neue Perspektiven auf Tiere

Studien konnten zeigen, dass Schweine – ganz wie Hunde – erlernen können, auf einen bestimmten Namen zu hören. Wird der Name eines Schweines gerufen, kommt dieses beispielsweise zur Fütterung – und nur dieses, während die anderen weiter das tun, was sie eben gerade tun. Was zeigt dieses Beispiel? Wir wissen heute mehr über die kognitiven, emotionalen und sozialen

Bedürfnisse und Kompetenzen der Tiere. In diesem Forschungsfeld gab es in den vergangenen Jahrzehnten einen extremen Wissenszuwachs. Auch das ändert die Erwartungshaltung an die Landwirtschaft, in diesem Fall an die Nutztierhaltung. In allgemeinen Worten: Neues Wissen verändert die ethische Beurteilung. Wenn wir beispielsweise wissen, dass Schweine neugierige, kluge Tiere sind, die gerne ihre Umgebung erkunden, beurteilen wir Haltungssysteme neu und anders, als wenn wir dieses Wissen nicht haben. Vor diesem Hintergrund wird debattiert: Welchen moralischen Umgang schulden wir Tieren? Ist Nutztierhaltung überhaupt moralisch rechtfertigbar? (vgl. Kapitel 5)

Wissenschaft ist aber nicht der einzige Treiber, wenn es um neue Perspektiven auf Tiere geht: Wenn weiter oben davon gesprochen wurde, dass bestimmte Nutztiere weitgehend „unsichtbar" geworden sind, so gilt nahezu das Gegenteil für Haustiere. Diese sind allgegenwärtig und spielen im Leben zahlreicher Menschen eine bedeutende Rolle. Tiere werden gegenwärtig mehr und mehr als Familienmitglieder betrachtet und entsprechend behandelt. Damit steigen auch die Erwartungen, wie Tiere in der Landwirtschaft zu behandeln sind. Das extrem positive Image von (bestimmten) Tieren (als süß; als Partner im Leben; als etwas, das es zu beschützen gilt; als Wesen, die emotionalisieren) zeigt sich beispielhaft auch in Kinderfilmen, in denen Tiere als Helden, bei deren Abenteuern man mitfiebert, längst Usus geworden sind.

Nur Kritik? Auch Wertschätzung

Die aufgezählten Veränderungen sind nicht erschöpfend, aber sicherlich essentiell. Die Landwirtinnen und Landwirte sehen sich vor dem Hintergrund all dieser Debatten oftmals an den moralischen Pranger gestellt, und tatsächlich: Es scheint, als gäbe es da eine Front zwischen Gesellschaft und

Landwirtschaft, die geprägt ist durch Misstrauen und Unverständnis. Zugleich aber kann eingangs dieses Buches festgehalten werden, dass die Landwirtschaft durchaus auch gesellschaftlich wertgeschätzt wird. Umfragen zeigen immer wieder, dass „Landwirt" bzw. „Landwirtin" als einer der wichtigsten Berufe überhaupt gilt – gleich hinter so hoch angesehenen Professionen wie „Arzt" bzw. „Ärztin". Darüber hinaus zeigt sich die Wertschätzung für Landwirtschaft an einem der wichtigsten Orte einer modernen Zivilisation: Im Supermarkt. Die Menschen konsumieren täglich Produkte aus der Landwirtschaft. Auch dies muss als ein Akt des Vertrauens und der Wertschätzung verstanden werden.

Weiterführende Reflexionsfrage

Inwieweit kann ein Landwirt, eine Landwirtin heute argumentieren „Meine Aufgabe ist es, genug Nahrungsmitteln bereitzustellen. Andere Verantwortungen habe ich nicht"?

2. Kapitel

Die Erwartungen der Gesellschaft an die Landwirtschaft

Wenn eingangs festgehalten wurde, dass die Landwirtschaft gesellschaftlich umstritten ist, ist die Anschlussfrage naheliegend: Was erwarten die Menschen eigentlich von der Landwirtschaft? Bei dieser Frage gilt es vorweg eines zu klären: Es ist immer schwierig, über „die Menschen" und „die Landwirtschaft" zu sprechen. Es leben zig Millionen Menschen in diesem Land, durchaus mit unterschiedlichen Ansichten und Meinungen; und auch die Landwirtschaft ist höchst unterschiedlich. Wenn wir also im Folgenden über gesellschaftliche Erwartungen an Landwirtschaft sprechen, dann kann das immer nur eine ungefähre Annäherung sein. Diese aber ist möglich.

Die wichtigsten Aufgaben der Landwirtschaft?

„Was sollten Ihrer Meinung nach die beiden Hauptaufgaben der Landwirtschaft in unserer Gesellschaft sein?" Diese Frage wurde im Rahmen einer Eurobarometer-Umfrage – das sind regelmäßige Umfragen der Europäischen Union zu verschiedenen Themen – vor kurzem über 28 000 Menschen in Europa gestellt. Wenngleich es schwerfällt, über „die" gesellschaftliche Erwartungshaltung an Landwirtschaft Auskunft zu geben, vermögen die Antworten doch ein Bild davon zu zeichnen, was Menschen sich gegenwärtig von Landwirtschaft erwarten (Vgl. Special Eurobarometer 2018, 19). Blicken wir daher auf die Antworten der Europäerinnen und Europäer. Die Landwirtschaft soll demnach…

1. sichere, gesunde und qualitativ hochwertige Lebensmittel bereitstellen (55%)
2. das Wohlergehen der Nutztiere gewährleisten (28%)
3. die Umwelt schützen und den Klimawandel bekämpfen (25%)
4. die Bevölkerung mit einer Vielfalt an Qualitätsprodukten versorgen (22%)
5. Arbeitsplätze in ländlichen Gebieten schaffen und für wirtschaftliches Wachstum sorgen (18%)
6. die stabile Versorgung mit Lebensmitteln innerhalb der EU sichern (18%)
7. das Leben auf dem Land allgemein fördern und verbessern (17%)

Es geht um mehr als „bloß" Nahrungsmittel

Was zeigen die Antworten? Mindestens zweierlei: (1) Von Landwirtschaft wird mittlerweile mehr erwartet als „bloß" Nahrungsmittel bereitzustellen. Aus Sicht der Landwirtschaft kann man über diese Vielfalt der Erwartungen klagen. Man kann sagen: „Was wollen die Leute eigentlich noch alles von mir? Jetzt soll ich nicht nur gesunde, qualitativ hochwertige Lebensmittel zu äußerst günstigen Preisen produzieren, jetzt soll ich für die Konsumenten auch noch das Klima retten, während sie selbst zig Mal im Jahr auf Urlaub fliegen!" Man kann diese Vielfalt der Erwartungen aber auch positiv zum Thema machen, und zwar als Erfolgsbestätigung der Landwirtschaft. Diese Vielfalt gibt es nämlich nur aus einem einzigen Grund: weil Landwirtschaft erfolgreich war und erfolgreich ist. Vor hundert Jahren konnte – wie zuvor erwähnt – eine Landwirtin in unseren Breiten gerade einmal eine Handvoll Menschen ernähren, heute sind es weit über hundert. Die dabei produzierten Lebensmittel sind nicht nur ausreichend, sondern auch sicher und leistbar. Wo Landwirtschaft *nicht* genug an Lebensmitteln bereitzustellen vermag, dort kommt es zu *keiner* Ausdifferenzierung der Erwartungen. In Zeiten und in geographischen Breiten, wo Landwirtschaft nicht genug produziert, ist die Erwartungshaltung denn auch relativ einfach zu beschreiben: Die Leute wünschen sich Essen, Essen und Essen.

Es ist also gerade der Erfolg der Landwirtschaft in den letzten hundert Jahren, der diese Ausdifferenzierung möglich gemacht hat. An dieser Stelle darf die Reflexion jedoch nicht abbrechen. Mit Erfolg kann man nämlich mindestens zweifach „falsch" umgehen: Man kann sich den Erfolg schlecht reden lassen – und das sollte man nicht tun. Es *ist und bleibt* eine Erfolgsgeschichte, dass die gegenwärtige Landwirtschaft all die Menschen, die in unseren europäischen Ländern leben, zu ernähren vermag. Die Landwirtschaft erfüllt damit genau den Auftrag, den die Gesellschaft gerade nach dem zweiten Weltkrieg an sie gerichtet hat: Man wollte keinen Hunger mehr erleben.

Man soll sich diese Erfolgsgeschichte also nicht schlecht reden lassen – zugleich, und dies ist der zweite „falsche" Umgang, darf Erfolg nicht immunisieren gegenüber neuen Ideen. Denn: Berufsbilder, ihre Aufgaben und Verantwortungen wandeln sich. Und sie tun dies eben nicht durch den Austausch auf Fachtagungen, bei denen man unter sich bleibt, als vielmehr im Dialog und in der Auseinandersetzung mit der Gesellschaft. Erfolgsgeschichten dürfen daher nicht taub machen für neue Erwartungen, die nun an die Landwirtschaft gerichtet werden.

Landwirtinnen und Landwirte müssen demnach die Balance finden zwischen „Sich die eigene Erfolgsgeschichte nicht schlecht reden lassen" und „Offen bleiben für neue Ideen". Man kann gegenwärtig – so meine persönliche Überzeugung – eben nicht mehr argumentieren „Was wollen denn die Leute von mir? Sie sind doch satt!" Ja, die Menschen sind versorgt mit

Nahrungsmitteln, und darin besteht nach wie vor die Hauptaufgabe der Landwirtschaft, zugleich sind die neuen Erwartungen rund um Klimaschutz oder Tierwohl ernst zu nehmen. (Vgl. hierzu die Überlegungen rund um die so genannte „Luxusdebatte" in Kapitel 1.)

Zentrale Werte

(2) Was zeigen die Erwartungen noch? In den Erwartungen spiegeln sich zentrale gesellschaftliche Werte unserer Zeit wider. Das, was den Menschen an moralischen Zielvorstellungen wichtig ist, erwarten sie auch von der Landwirtschaft. Hierbei sind vor allem drei Wertvorstellungen in den Fokus in den vergangenen Jahrzehnten gerückt, und zwar: Der Schutz der Umwelt, der Schutz des Klimas wie auch Tierschutz bzw. Tierwohl. Die besondere Verantwortung der Landwirtschaft für diese Werte und Ziele wird in eigenen Kapiteln zur Sprache kommen (vgl. Kapitel 4 und 5).

Sozial erwünschte Antworten?

Bevor weiter die Erwartungen an die Landwirtschaft referiert werden, soll hier ein kurzer Zwischenruf erfolgen. Derartige Umfrageergebnisse, die Tierwohl oder Klimaschutz so prominent ins Feld führen, werden nämlich oft angezweifelt bzw. problematisiert. Es wird gefragt: „Sind diese Werte den Menschen wirklich so wichtig? Wenn ja, würden sie doch entsprechend einkaufen. Dies aber tun nur die wenigsten." Wünschen und fordern kann man demnach viel – wer aber ist tatsächlich bereit, für die Realisierung der Erwartungen auch zu bezahlen?

In den Sozialwissenschaften spricht man in diesem Kontext von „sozial erwünschten Antworten". Das bedeutet: Wenn wir heute Bürgerinnen und Bürger in einem Land wie Österreich oder Deutschland danach fragen, inwieweit ihnen Klimaschutz oder Tierwohl wichtig sind, dann wissen die allermeisten, was sie antworten sollen, um als „guter, reflektierter Mensch" zu erscheinen. Und da wir alle danach trachten, dass andere weitgehend gut über uns denken und in uns einen mündigen, verantwortungsbewussten Bürger sehen, fallen die Antworten entsprechend aus. Als Resultat haben Verbraucherantworten und Verbraucherverhalten oftmals wenig miteinander zu tun.

„Consumer-Citizen-Gap"

Im englischsprachigen Raum spricht man hierbei auch vom sogenannten „Consumer-Citizen-Gap", also von einer Kluft zwischen dem, was der Bürger will, und dem, was er als Konsument dann tatsächlich auch zu bezahlen bereit ist. Polemisch formuliert: Der Bürgerin mag „Tierwohl" oder „Klimaschutz" ein entscheidendes Anliegen sein – als Verbraucherin aber will sie dann doch nicht tiefer in die eigene Geldbörse greifen. Daher braucht der durchschnittliche Deutsche und Österreicher gegenwärtig eventuell zwei Formen der Landwirtschaft: eine für die Geldtasche – und eine fürs Gemüt. (Dies soll nicht als bequemer Fingerzeig auf andere missverstanden werden, vielmehr müssen wir uns fragen, ob *wir* nicht *alle* dieses Verhalten immer wieder zeigen.)

Dennoch ist Zynismus à la „Es geht sowieso immer nur ums Geld" und „Alle Konsumenten wollen nur möglichst billige Ware" nicht angebracht. Der Boom an „Bio"-Supermärkten, die zunehmenden Ab-Hof-Verkaufsmöglichkeiten, Projekte der so genannten solidarischen Landwirtschaft, das in den vergangenen Jahrzehnten zunehmende *Labeling* von Lebensmitteln, der dokumentierbare „ethisch bewusste" Einkauf bei Waren wie Fisch oder Eiern... all diese Tendenzen zeigen, dass es durchaus Konsumentinnen und

Konsumenten gibt, die Interesse an der Herkunft ihrer Lebensmittel haben und die auch tatsächlich bereit sind, finanziell ein „Mehr" zu leisten, sofern bestimmte, für sie zentrale Werte realisiert werden. Diese Gruppe existiert – und sie wächst. Aber ich persönlich gehe nicht davon aus, dass sie eine absolute Mehrheit erreichen wird.

Wie umgehen mit der mangelnden Zahlungsbereitschaft?

Auf die „Consumer-Citizen-Gap" hinzuweisen ist erlaubt wie notwendig. Aber an dieser Stelle, so meine persönliche Anschauung, darf die Diskussion nicht abbrechen. Die Landwirtschaft sollte nicht argumentieren: „Es zahlt keiner für mehr Tierwohl, daher müssen wir nicht weiter über dieses Thema nachdenken." Die grundsätzlichen Fragen, welchen moralischen Umgang wir Tieren schulden oder wie wir die Klimakrise meistern können, stellen sich nämlich dennoch. Nicht nur moralisch, auch strategisch scheint es daher notwendig, diese Debatten zu forcieren. Soll heißen: Wenn der durchschnittliche Bürger nicht über diese Themen nachdenken will, weil er nicht mehr Geld für sein Essen ausgeben möchte, dann sollten Landwirtinnen und Landwirte nicht einfach nur stumm nicken und dies akzeptieren, im Gegenteil: Sie sollten diese Debatten vorantreiben und die Konsumentinnen immer wieder dazu auffordern, über die moralischen Facetten ihres Essens nachzudenken.

Eine einfache Formel?

Kehren wir zu den Antworten rund um die Erwartungshaltungen an die Landwirtschaft zurück. Aus dem Gesagten ließe sich nämlich eine einfache Formel ableiten: Wenn Landwirtschaft die genannten Grundbedürfnisse erfüllt und die zentralen ethischen Werte einer Gesellschaft (wie beispielsweise Klima- und Tierschutz) berücksichtigt, dann erfüllt sie die gesellschaftlichen

Erwartungen, die an sie gerichtet werden. Wie bei jeder einfachen Formel stellt sich die Frage: Stimmt sie denn auch?

Zur Beantwortung soll auf ein Beispiel eingegangen werden: Man stelle sich einen hochtechnisierten Bauernhof mit Milchviehhaltung vor. Die Fütterung und das Melken der Tiere erfolgen automatisiert und computergesteuert. Das Ausmisten übernehmen Roboter. Man braucht eingehende Schulungen, um die eingesetzten Programme bedienen zu können. Die medizinische Überwachung geschieht durch zahlreiche Sensoren, die die relevanten Daten per App direkt aufs Smartphone übertragen. Über die Wiesen fliegen Drohnen, die präzise, punktuell und nachhaltig düngen.

Wichtig für das Beispiel ist: Dieser „ultramoderne" Hof erfüllt die zuvor genannten Erwartungen, sprich: Er produziert gesunde und unbedenkliche Produkte, er schafft und sichert Arbeitsplätze im ländlichen Raum (wenn auch nicht für die Bauern, so für die IT-Branche), er weist eine großartige Klimabilanz und hohe Tierwohl-Standards auf.

Die These, die zu diskutieren ist, lautet: Ein derartiger ultra-technisierter Hof löst bei vielen Menschen dennoch ein „Verlustgefühl" aus, im Sinne von: „Da ist etwas verloren gegangen" oder: „So wollte ich meine Landwirtschaft dann doch nicht!"

Wenn ja: Wie ist das zu verstehen? Eine Erklärung skizziert die gesellschaftliche Erwartungshaltung an Landwirtschaft anders als in der zuvor beschriebenen Formel, nämlich: Es geht nicht nur um Grundbedürfnisse und Wertorientierungen, darüber hinaus spielen auch Bilderwelten, Vorstellungen und Projektionen eine entscheidende Rolle. Was ist damit gemeint? (vgl. hierzu auch Kapitel 8.)

Romantisierung des Bäuerlichen

Bäuerliches Leben steht für das einfache, ursprüngliche und wahre Leben in und mit der Natur. Einhergehend mit der Tatsache, dass die Haltung von Nutztieren und die Kultivierung von Acker frühe Tätigkeiten in der Menschheitsgeschichte darstellen, wird Landwirtschaft mit einer positiven Ursprünglichkeit assoziiert. Bäuerin zu sein bedeutet – gerade in Werbungen oder auch in urbanen Aussteigerträumen – ein Leben zu führen, wie es einst war und es eigentlich sein soll: beschaulich, nicht-entfremdet, im Lauf der Jahreszeiten etc.

Diese „Romantisierung" des Bäuerlichen vollzieht sich dabei wesentlich im urbanen Milieu (und dieses hat gegenwärtig längst „das Land" erreicht, muss also nicht geographisch in einer Stadt verortet werden) und ist nicht zuletzt als eine Reaktion auf einen Zivilisationsüberdruss zu verstehen. Anschaulich wird dies im Zeitalter der Industrialisierung, als Millionen in die Städte ziehen, sich dort Glück erhoffen, aber nur wenig Glück finden: Lärm, kleine Wohnräume, mangelnde Hygiene, strikte, vom Produktionsprozess der Fabrik vorgegebene Tagesabläufe… vor diesem Hintergrund wird das Leben als Bauer zur Sehnsucht eines friedlichen, beschaulichen Lebens in und mit der Natur verklärt.

Damit zeigt sich auch: Die Romantisierung der landwirtschaftlichen Arbeit ist alles andere als eine Erfindung der Gegenwart, im Gegenteil, ihre ideengeschichtlichen Wurzeln reichen bis tief in die Antike zurück. Schon mancher antike Schriftsteller sitzt an seinem Schreibtisch in der Stadt, kritisiert die Dekadenz der Gesellschaft, klagt über sein angeblich verpfuschtes Leben und träumt von einem einfachen Leben als Hirte am Land – bzw. genauer träumt er davon, wie er sich dieses Leben vorstellt.

Diese Assoziation von Landwirtschaft und Ursprünglichkeit wird besonders in den gängigen Strategien des Agrarmarketings deutlich: Was fehlt nämlich in der Regel auf den Plakaten und Werbungen für landwirtschaftliche Produkte? Technologie. Der Traktor mag als Sujet mittlerweile geduldet sein, aber keine Milch dieser Welt wird durch den Slogan beworben „Wir haben die modernsten Melkanlagen der Welt". Warum? Während zahllose Produkte mit dem Hinweis auf Innovation verkauft werden, scheinen Produkte aus der Landwirtschaft einer anderen Logik in der Wahrnehmung der Konsumentinnen zu unterliegen. Statt moderner Produktionsbedingungen scheint der Käufer eher technikferne Idylle zu wünschen.

Und dies ist vor dem Hintergrund des zuvor Gesagten durchaus logisch, denn: Was als wahr und ursprünglich empfunden wird, lässt sich kaum verbessern und widersetzt sich technologischen Innovationen. Denken Sie als Beispiel an den Begriff der „Natur", der ganz ähnlich wahrgenommen wird: Natur wird von vielen Menschen als etwas gesehen, das ursprünglich gut ist. Entsprechend klingt das Ziel einer „Verbesserung der Natur" sofort verdächtig, ja wie menschliche Hybris.

Wichtig ist: Diese Vorstellungswelten prägen die gesellschaftliche Beurteilung von Landwirtschaft. Ein großer, moderner Stall samt Digitalisierung mag sich beispielsweise auf das Tierwohl positiver auswirken als ein alter, beschaulicher Stall mit veralteten Haltungsbedingungen... aber er widerspricht der Sehnsucht nach einer gewissen Ursprünglichkeit. (Dies bedeutet freilich nicht, dass der Umkehrschluss „Je mehr Tiere, je mehr Technik, desto besser" gültig wäre.)

Natur als fruchtbarer Garten – oder als karges Feld?

Verbunden sind diese Bilderwelten oftmals mit Vorstellungen über Natur als fruchtbarer Garten, bei dem eine sanfte Bewirtschaftung genügt, um die Ernte einzufahren. Und das ist durchaus typisch für die Gegenwart: Fragt man heute jemanden nach seinen Assoziationen zum Begriff „Natur", fallen die Antworten zumindest im mitteleuropäischen Raum in aller Regel positiv bis sehr positiv aus (vgl. exemplarisch BMUB 2015, 14ff.; Mues et al. 2017, 24ff.): Natur sei schön und ein Ort des Wohlbefindens, das Natürliche sei das Gute, das man nicht verbessern könnte, Naturerfahrungen würden maßgeblich zu einem gelingenden Leben beitragen, Natur sei wichtig für Gesundheit und Erholung. Das Wort „Natur" wird neben „schön" vor allem auch mit „ruhig", „still", „leise", „beruhigend" und „entspannend" assoziiert (vgl. Mues et al. 2017, 24). Und in aller Regel wird Natur dabei auch als dem Menschen gegenüber wohlwollend und fruchtbar beschrieben: Die Natur ist gut, wie sie ist, und schenkt uns auch bei sanfter Bewirtschaftung reiche Ernte. Ich nenne diese Vorstellung „Natur als fruchtbarer Garten" – und man kennt sie nicht nur aus der Gegenwart, sondern auch aus der Ideengeschichte.

Die Bibel weist immer wieder darauf hin, dass die Natur gut sei, weil sie für den Menschen von Gott gemacht wurde. So heißt es nach der Schöpfung der Welt: „Gott sah alles an, was er gemacht hatte: Es war sehr gut." (Genesis 1,31). Der Kirchenvater Laktanz (um 250-325 n. Chr.) schwärmt von der „Fruchtbarkeit der Erde" (Laktanz, De ira Dei 13, 99), die die „Bäume von Obst überschwellen" lässt. (Laktanz, De ira Dei 13, 100). Die landwirtschaftliche Arbeit, so Laktanz, gelingt, wenn man sie nicht gerade zur Mittagshitze macht, „ohne Anstrengung und Beschwerlichkeit" (Laktanz, De ira Dei 13, 99). Eben weil die Natur gut ist.

Disteln und Dornen

Das konträre Verständnis, nämlich dass Natur ein „karges Feld" ist, das der Mensch im Schweiße seines Angesichts zu bearbeiten hat, um die Ernte einzubringen, taucht in aktuellen Assoziationen selten auf. In der europäischen Ideengeschichte lässt sich diese Naturvorstellung hingegen durchaus finden.

Auch hier kann die Bibel genannt werden: In der Sündenfallgeschichte wird eben der Ackerboden mitverflucht, nicht nur der Mensch, so dass nun „Dornen und Disteln" am Feld wachsen (Genesis 3, 17-19). Die Arbeit am Feld wird als schwer beschrieben (Sirach 7,15), sie bereitet den Händen Mühe (Genesis/1. Mose, 5,28). Wer in der Bewirtschaftung keinen Fleiß aufbringt, dessen Acker wird „überwuchert von Disteln, seine Fläche mit Unkraut bedeckt" (Sprichwörter/Sprüche 24,31) sein. Cyprian (um 200/210 bis 258 n. Chr.), Bischof von Karthago, berichtet, dass zu „selten Regen" fällt, dass die Erde eine „unfruchtbare Scholle" sei, die „kaum mehr magere und blasse Kräuter" hervorbringe (Cyprian, Ad Demetrianum I, 7).

Zwei Blickwinkel auf landwirtschaftlich genutzte Natur

In anderen Worten: Die gesamte Geschichte hindurch gibt es zwei Blickwinkel auf landwirtschaftliche Natur. Die eine betont die Früchte der Natur, die andere den Schweiß der Arbeit. Gegenwärtig aber kommt „Natur als karges Feld" in den Köpfen der Menschen so gut wie nicht vor.

Es stellt sich hierbei nicht zuletzt die Frage, inwieweit die weitgehende Abkapselung der Nahrungsmittelproduktion von der Gesellschaft einer Betonung der Sichtweise auf Natur als blühender Garten Vorschub leistet, sprich: Dass immer weniger Menschen direkt mit landwirtschaftlicher Praxis in Berührung kommen, hat Folgen für die Vorstellungen über Landwirtschaft.

Oder wie Joachim Radkau hierzu schreibt: „Dass die Natur von sich aus ein blühender Garten sei, ist eine typische Illusion derer, die nicht im Garten arbeiten." (Radkau 2002, 73)

Zwischen Idyll und Skandal

Der durchschnittliche Bürger begegnet dem Thema „Landwirtschaft" oftmals entweder als „Skandal" auf den Titelseiten oder als „Idyll" in der Werbung und auf den Verpackungen. Unabhängig von der Frage, ob ein Agrarmarketing jenseits dieser Idyllisierung wünschenswert wäre (vgl. Kapitel 11), wird eine sachliche Debatte durch die beiden „Extreme" nicht unbedingt leichter. Vor diesem Hintergrund erscheint die persönliche Begegnung zwischen Verbraucherin (bzw. Bürgerin) und Landwirtin umso wichtiger. Initiativen wie „Tag der offenen Stalltür" oder „Schulklassen besuchen einen Hof" scheinen demnach von entscheidender Bedeutung zu sein (vgl. Kapitel 11). Wenn überhaupt, dann kann nur so die dringend notwendige Debatte gelingen, welche Landwirtschaft wir als Gesellschaft gemeinsam eigentlich verantworten können und wollen.

Zusammenfassung

Die gesellschaftliche Erwartungshaltung an Landwirtschaft ist demnach vielfältig. Sie speist sich aus der Erfüllung von Grundbedürfnissen genauso wie aus zentralen gesellschaftlichen Wertorientierungen und oftmals impliziten Bilderwelten und Projektionen. Wie damit umgehen? Die Grundbedürfnisse sind zu erfüllen, und hier hat die Landwirtschaft eine fast beispiellose Erfolgsgeschichte geschrieben. Die Wertorientierungen sind zu berücksichtigen, denn es gibt gute moralische Gründe, warum sie essentiell sind (vgl. Kapitel 4 und 5). Dabei ist darauf zu achten, diese Werte auch in der eigenen Kommunikation zum Thema zu machen (vgl. Kapitel 11). Und um die Bilderwelten und Projektionen sollten Landwirtinnen und Landwirte zumindest Bescheid wissen, um die gesellschaftliche Erwartungshaltung an ihren Beruf in ihrer vollen Vielfalt zu verstehen.

Weiterführende Reflexionsfragen

(1) Sollte das Agrarmarketing bewusst auf (zu) idyllische Bilder verzichten und eher auf die zunehmende Technisierung und Digitalisierung der Landwirtschaft fokussieren? Wenn ja, warum? Wenn nein, warum nicht?

(2) Wie soll der einzelne Landwirt, die einzelne Landwirtin damit umgehen, dass die Erwartungen an die Nahrungsmittelproduktion steigen – die allermeisten Konsumentinnen und Konsumenten aber nur bedingt bereit sind, auch mehr Geld für ihr Essen auszugeben?

---

3. Kapitel

Was bedeutet Ethik?

Alltagssprachlich steht Ethik meist pauschal für „das Gute", „das Richtige", was aber meint der Begriff in der Philosophie? Eventuell empfindet der einzelne Landwirt, die einzelne Landwirtin diese Frage nicht als essentiell. Aber doch kann es spannend wie hilfreich sein, über diesen Begriff nachzudenken, denn: „Ethik" ist heute allgegenwärtig. In der Werbung werden „ethische Produkte" vermarktet, die Politik setzt Ethik-Kommissionen ein, die Bürger und Bürgerinnen fordern „mehr Ethik", sei es im Unterricht, in der Wirtschaft oder in der Politik. Es lässt sich sagen: Der Begriff „Ethik" ist in aller Munde.

Wo ein Begriff vielfach verwendet wird, dort droht er aber inhaltlich zu verwässern. Oft ist mittlerweile völlig unklar, was mit „Ethik" eigentlich gemeint ist. Ja, es existieren große, völlig unrealistische Erwartungen an die Ethik, ganz so, als wären Ethiker dazu imstande, glasklare Antworten auf schwerwiegende moralische Probleme zu liefern. Vor diesem Hintergrund will das vorliegende Kapitel entscheidende Fragen klären: Was meint der Begriff „Ethik" in der Philosophie? Was kann von ethischem Nachdenken erwartet werden? Dabei wird auch klarer, warum sich ein Landwirt, eine Landwirtin mit Ethik auseinandersetzen sollte.[1]

---

[1] Die folgende Hinführung zum Ethikbegriff habe ich über mehrere Jahre im Ausbildungslehrgang für Amtstierärztinnen und Amtstierärzte in Bayern unterrichtet wie erprobt. Mein Dank gilt entsprechend den Teilnehmerinnen und Teilnehmern für ihr Feedback.

Über den Egoismus

Wir alle treffen jeden Tag Entscheidungen; und oft müssen wir uns für diese Entscheidungen auch rechtfertigen. Wir werden gefragt: „Warum hast du das gemacht? Warum hast du dich nicht anders verhalten?" Bei all diesen Entscheidungen können wir freilich den Standpunkt des Egoismus einnehmen. Dieser folgt der Losung: „Mir geht es immer nur um mich und meine Interessen. Alles andere interessiert mich nicht."

Nun ist es gar nicht so einfach, eine Egoistin davon zu überzeugen, *nicht* egoistisch zu handeln. Denn rein strategisch bringt der Egoismus viele Vorteile – vor allem in einer Gesellschaft, in der die anderen *nicht* egoistisch sind. Sind hingegen *alle* radikale Egoisten, wird schnell plausibel, warum dieser Standpunkt keine solide Basis für ein gutes Zusammenleben bietet.[2]

Soll ich das Geld stehlen?

Stellen wir uns vor, wir wollen kein radikaler Egoist sein, sondern wir argumentieren: „Entscheidungen, die ich treffe, können auch auf andere Auswirkungen haben. Daher geht es bei einer Entscheidung nicht nur um meine eigenen Interessen, sondern auch um die Interessen von anderen. Ich versuche, die Interessen fair miteinander abzuwägen."

Dieser Standpunkt ist gewissermaßen der Ausgangspunkt der Ethik: Man erkennt an, dass es im Leben nicht nur um einen selbst geht (was aber *nicht*

---

[2] Der englische Philosoph Thomas Hobbes (1588-1679) prägte einen Ausdruck, der hier passend erscheint: Er sprach von einem „Krieg aller gegen alle" (bellum omnium contra omnes). So stellte er sich den Urzustand vor, bevor Menschen beschlossen, sich in einer Gemeinschaft bestimmte Regeln zu geben.

bedeutet, dass man die eigenen Interessen im Folgenden *immer* zurückstellt, denn man hat ja auch sich selbst gegenüber bestimmte Verpflichtungen).

Auf der Suche nach einer näheren Definition von Ethik soll ein Beispiel gebracht werden. Stellen Sie sich folgendes Szenario vor:

> Sie sind auf einem Fest. Es ist spät. Die meisten Gäste sind bereits nach Hause gegangen. Da sehen Sie einen Mann, der Ihnen fremd ist, und der über den Durst getrunken hat. Betrunken schläft er seinen Rausch aus. Sie kennen ihn nicht, haben ihn noch nie gesehen. In diesem Augenblick fällt dem Betrunkenen seine Geldbörse aus der Tasche. In ihr befinden sich, wie Sie sehen, als die Geldtasche zu Boden fällt, mehrere hundert Euro. Sie könnten das Geld nehmen, ohne je dafür zur Rechenschaft gezogen zu werden. Niemand sieht Sie. Niemand würde Sie verdächtigen. Es gibt keine Überwachungskameras. Nehmen Sie das Geld an sich? Ja oder nein? Können Sie dafür Gründe nennen?

Nun gehen Ihnen in diesem Augenblick eventuell ganz unterschiedliche Fragen durch den Kopf: „Sieht mich wirklich niemand?", „Sind die paar Scheine für mich viel Geld?", „Ab welcher Summe würde ich schwach werden?" All diese Fragen können jedoch die entscheidende nicht ersetzen: Soll ich das Geld nehmen oder nicht? Ist es richtig oder falsch, so zu handeln?

Was eine radikale Egoistin tun würde, ist klar. Ohne dass ich Sie, den Leser, die Leserin, gut kenne, rate ich, dass Ihre Antwort eindeutig war. Die allermeisten Menschen geben nämlich an: „Nein, ich würde das Geld nicht nehmen." Und wenn doch, dann sagen sie: „Es ist grundsätzlich zwar moralisch falsch, das Geld zu nehmen, aber... ich nehme es trotzdem."

Wer aber gibt uns eigentlich Antwort, wenn wir vor derartigen moralischen Fragen stehen? Drei Instanzen sind hierbei im Besonderen zu nennen.

Religion, Recht und Moral

(1) Religion: Die allermeisten Religionen geben ihren Gläubigen bestimmte Regeln vor, wie das Zusammenleben zu organisieren ist: Was darf man tun und was nicht? So lautet beispielsweise eines der 10 Gebote: „Du sollst nicht stehlen." Das Einstecken des Geldes wäre diesem Gebot folgend untersagt.

(2) Gesetz: Auch Gesetzesbücher regeln, was verboten ist. Im konkreten Fall ist das Aneignen fremden Eigentums strafbar.

(3) Moral: Schließlich geben viele Menschen beim geschilderten Szenario an, dass es einfach falsch ist, das Geld zu nehmen. Sie berufen sich dabei weder auf eine Religion noch auf einen bestimmten Gesetzesparagraphen, vielmehr meldet sich ihr „Gewissen" zu Wort; sie beziehen sich auf Grundüberzeugungen, die sie von ihren Eltern, Großeltern, Freunden mit auf den Weg bekommen haben. In der Philosophie spricht man hierbei von „Moral" – was bedeutet, dass man zwischen „Ethik" und „Moral" unterscheiden kann. Diese Differenz wird im Folgenden noch näher geklärt werden. Die Moral der allermeisten Menschen legt ihnen jedenfalls nahe, das Geld *nicht* zu nehmen.

Eindeutige und weniger eindeutige Beispiele

Das gebrachte Beispiel rund um den Diebstahl ist eindeutig. Alle drei Instanzen fordern, das Geld nicht zu stehlen. Nun kommen aber zwei Schwierigkeiten hinzu: (1) Es gibt Fragestellungen, die *nicht* so eindeutig sind. Beispielsweise: Muss man immer die Wahrheit sagen, oder gibt es Situationen, in denen eine Lüge in Ordnung, vielleicht sogar geboten ist? Sollten Menschen das Recht auf einen selbstbestimmten Tod haben? Sind Eingriffe wie Kastrieren oder Enthornen Tieren zumutbar? Sollen wir Techniken wie

Genome Editing in der Zucht anwenden? Bei derartigen Fragen ist eine eindeutige Antwort oftmals schwer.

Was, wenn die Antworten falsch sind?

(2) Und selbst, *wenn* uns die drei genannten Instanzen – Religion, Recht und Moral – auf diese Fragen eine eindeutige Antwort geben würden: Was, wenn diese Antworten falsch sind? Dies ist ein entscheidender Punkt: Die Religion kann uns in einer modernen Gesellschaft nicht vorschreiben, was moralisch richtig ist. Religionen gibt es verschiedene – und sie haben oft verschiedene Antworten auf moralische Fragen. Noch komplizierter: Oftmals zeigt sich auch innerhalb einer Religion Dissens. (Der eine Theologe sagt ja, die andere Theologin sagt nein.)

Darüber hinaus fühlen sich Atheisten keiner Religion zugehörig. Und grundsätzlich muss gefragt werden: Auf welcher Basis sollen die Religionen uns Antwort geben *dürfen*, was moralisch in Ordnung ist? Der einzelne Christ mag sich in seiner Lebensführung auf seinen Glauben berufen, das ist legitim, aber wenn es darum geht, Gesetze für ein gesamtes Land zu erlassen – wieso sollte man da vernünftigerweise auf religiöse Offenbarungen zurückgreifen? Dies entspräche nicht dem Selbstverständnis einer offenen, säkularisierten, wissensbasierten Gesellschaft.

Gesetze können unmoralisch sein, die Moral kann irren

Ähnlich muss mit Blick auf das Recht argumentiert werden: Gesetze können unmoralisch sind. Man denke an die Gesetzgebung während der Nazi-Diktatur. Darüber hinaus müssen Gesetze oftmals erst neu geschrieben werden, wenn beispielsweise neue Techniken ins gesellschaftliche Leben treten.

Und die Moral? Diese ist oft zerrissen. Oft wissen wir nicht, was wir tun sollen. Und auch unsere Moral kann sich irren. Sie ist stark durch Gewöhnung und Tradition geprägt; oftmals erscheint uns das richtig, was wir oft erlebt haben. Aber nur, weil man etwas seit Jahrzehnten oder gar Jahrhunderten so macht, oder weil es alle Freunde und Bekannte so sehen, muss etwas nicht auch moralisch richtig sein.

Eine Definition von Ethik

Eben hier beginnt Ethik. Ihre Kernfrage lautet: Was soll ich tun? Wie soll ich in bestimmten moralisch relevanten Situationen entscheiden? Ethik bedeutet ein Nachdenken über diese Fragen, und zwar in *kritischer* Distanz zu Religion, Recht und Moral.

Damit greifen wir die Unterscheidung zwischen „Ethik" und „Moral" erneut auf: Moral sind all jene Regeln, die sich im Zusammenleben bewährt haben, all jene Dinge, die wir von unserer Familie und in der Gemeinschaft mit auf den Weg bekommen haben, auch die Intuition, das Bauchgefühl, das wir in uns spüren, wenn wir vor Entscheidungen stehen.

Ethik hingegen ist das strukturierte, vernunftbasierte Nachdenken über die eigene Moral. Ethik will also eine Antwort darauf finden, was das moralisch Richtige ist – Religion, Recht und Moral können dabei eine Rolle spielen, sie geben die Antwort aber nicht vor.[3]

---

[3] An dieser Stelle könnten nun verschiedene Ethik-Theorien referiert werden. Allerdings erscheint mir dies für eine Einführung nicht notwendig, da derartige Unterscheidungen oftmals mehr verwirren als helfen. Aber drei Theorien sollen dennoch zumindest kurz Erwähnung finden, so dass der interessierte Leser, die interessierte Leserin sich in der empfohlenen Literatur vertieft informieren kann. (1) Die so genannte „Konsequentialistische Ethik" (berühmtes Beispiel: der Utilitarismus) versucht zu „berechnen", ob eine Handlung gut oder verwerflich ist. Diese Abwägung erfolgt mit Fokus auf die Konsequenzen einer

Keine „Superwissenschaft", aber...

Da Ethik es in aller Regel mit komplexen Fragen zu tun hat, fällt es oftmals schwer, eine eindeutige Antwort zu finden. Ethik ist demnach keine „Superwissenschaft", die genau weiß, was moralisch richtig wäre. Aber sie prüft entsprechende Argumente, gibt im Idealfall Orientierung und regt zum selbstständigen Denken an. Ethik mag dabei keine strikte Wissenschaft im Sinne einer Naturwissenschaft sein, aber sie orientiert sich durchaus an den methodischen Idealen der Rationalität, Nachvollziehbarkeit und Kohärenz. In der Ethik will man also mit dem besseren Argument überzeugen.

Ethik ist demnach das selbstständige, kritische Nachdenken über moralische Probleme. Das bedeutet auch: Ethik geht es nicht so sehr um das Predigen moralischer Gewissheiten, sondern eher um das Reflektieren moralischer Ungewissheiten.

Handlung: Wie wirkt sich die Handlung aus? Inwieweit mehrt bzw. verringert sie das Glück, das Wohlergehen oder den Nutzen von Betroffenen? Wie viele sind betroffen? Und in welcher Intensität? (2) Die so genannte „Deontologische Ethik" (*deon* = die Pflicht) hält dem entgegen: Gibt es nicht Pflichten, denen kategorisch nachzukommen ist? Gibt es nicht Handlungen, die per se und unter allen Umständen unmoralisch sind, z.B. Foltern? Diese Position bestimmt „das Gute" demnach nicht über die Folgen, sondern über die Motivation. Was will jemand mit seiner Handlung erreichen? Welcher Maxime folgt er bei dem, was er tut? Die Ethik Immanuel Kants kann eine deontologische Ethik genannt werden. (3) Ein dritter Ansatz lässt sich in der Tugendethik ausmachen. Diese besagt: Konkrete Entscheidungssituationen sind kontextabhängig. Gute Entscheidungen, so wird in der klassischen Tugendethik gefolgert, werden am ehesten von tugendhaften Menschen getroffen. Daher stellt sich die Frage, was einen tugendhaften Menschen ausmacht. Wie wird jemand selbstbestimmt, urteilsfest und charakterstark?

Sie will und soll Menschen dazu bringen, selbstständig über moralische Probleme nachzudenken und ihre entsprechenden Antworten begründen zu können.[4]

Was ist eine moralische Frage?

Um das Verständnis von Ethik zu schärfen, folgt eine Reflexionsübung, wie sie Bleisch und Huppenbauer vorschlagen (Bleisch und Huppenbauer 2011, 44ff.): Inwieweit handelt es sich bei folgenden Fragen um „moralische Fragen"?

1. Mein Traktor ist kaputt. Was soll ich tun, damit er wieder fährt?
2. Dürfen wir Tiere klonen?
3. Führt Bioenergie zu einer Verschärfung des Welthungers?
4. Soll ich meinen Sommerurlaub in den Alpen oder in Indonesien verbringen?

---

[4] Um dieses Verständnis von Ethik beispielhaft zu illustrieren: Eine Ethikerin, die diesem Verständnis folgt, macht mit Schülerinnen und Schülern einen Workshop zum Thema „Tierethik". Ihr Ziel ist es dabei *nicht*, die Schülerinnen und Schüler davon zu überzeugen, dass es richtig oder falsch sei, Tiere zu halten, um sie zu essen. Ihr Ziel ist es vielmehr, dass die Jugendlichen diese Frage als moralisch relevant erkennen und selbstständig eine gut begründete Antwort für ihre Position geben können. Die Begründung „Ich esse Fleisch, weil meine Großeltern und Eltern dies auch tun" würde die Ethikerin dabei beispielsweise genauso als schwach zurückweisen wie „Ich bin vegan, weil meine beste Freundin es auch ist". Ethik ist in diesem Sinne auch – aber nicht ausschließlich! – ein Einüben von Argumentation: Kann ich überzeugend begründen, warum ich so handle wie ich handle?

Ad Frage 1: Hier ist die Antwort eindeutig. Obwohl das zuvor zitierte „Was soll ich tun?" auftaucht, ist klar, dass es sich hierbei nicht primär um eine moralische Frage handelt. Vielmehr kann diese Frage „technisch-funktional" genannt werden. Gefragt wird nach den Mitteln X, um ein Ziel Y zu erreichen. Dass das Ziel Y wünschenswert ist, ist hierbei gesetzt. Dieses Ziel wird nicht zur Diskussion gestellt.

Ad Frage 2: Anders bei der Frage „Dürfen wir Tiere klonen?" Sie fragt nicht nach den Mitteln, mit denen das Ziel zu erreichen ist, sondern ob die Zielsetzung überhaupt richtig ist. Diese Frage kann daher eine moralische Frage genannt werden.

Ebene der Werte vs. Ebene der Beschreibung

Ad Frage 3: Die Frage, ob Bioenergie die Problematik des Welthungers verschärft, weist mit dem Begriff „Welthunger" einen moralisch höchst relevanten Begriff auf. Sofort sieht man vor seinem geistigen Auge bestimmte Bilder und Assoziationen, die moralisch bedeutsam sind.

Zugleich aber ist die Formulierung der Frage *nicht* moralisch, denn: Ob Bioenergie tatsächlich den Welthunger verschärft, ist deskriptiv beantwortbar. Hierzu braucht es empirische Studien.

An diesem Beispiel zeigt sich Entscheidendes: Nicht jede Frage, die moralisch klingt und moralisch bedeutsam ist, ist eine moralische Streitfrage. So können Menschen über die Sinnhaftigkeit von Bioenergie streiten – in aller Regel stimmen sie hierbei jedoch über die essentiellen Ziele und Werte völlig überein.

Exemplarisch veranschaulicht: Der Bioenergie-Befürworter wird genauso wie der Bioenergie-Gegner davon überzeugt sein, dass der Welthunger reduziert werden muss; die beiden Parteien streiten demnach nicht über diesen Wert, vielmehr sind sie wahrscheinlich unterschiedlicher Ansicht darüber, inwieweit nun der Einsatz von Bioenergie in Europa tatsächlich Auswirkungen auf die Ernährungssicherheit in anderen Regionen der Welt hat. Der Dissens ist damit nicht so sehr auf der Ebene der Werte, sondern eher auf der Ebene der empirischen Beschreibung.

Moralisierung von Lebensbereichen

Ad Frage 4: Die letzte Frage ist schließlich schwer zuzuordnen. Einerseits ist die Frage nach der Destination des Urlaubs eine Frage der Präferenz: Wo gefällt es mir? Welche Region bietet mir Erholung? Was kann ich mir leisten? Andererseits birgt die Frage moralische Aspekte, so kann beispielsweise nach den Klimaauswirkungen meiner Urlaubswahl gefragt werden. Hier zeigt sich ein spannender Aspekt: Fragen, die noch vor zwei, drei Generationen reine Fragen der persönlichen Präferenz waren (z.B. Urlaub oder Konsum), werden gegenwärtig zunehmend moralisch diskutiert. Wir erleben demnach eine Moralisierung von Lebensbereichen.

Die vier diskutierten Fragen sind für ein Verständnis von Ethik durchaus hilfreich, denn sie zeigen: Moralische Fragen diskutieren normative Aspekte mit Handlungsbezug, sprich: Es geht darum, wie man handeln soll. Moralische Fragen können dabei von technisch-funktionalen oder empirisch-deskriptiven unterschieden werden. Zugleich sind moralische Fragen mit empirisch-deskriptiven eng verbunden: Ethisches Nachdenken spielt sich nicht im luftleeren Raum ab. Fragen wie jene nach dem Klonieren von Tieren brauchen Zahlen, Daten und Fakten als Ausgangspunkt. (Was bedeutet Klonierung? Wie wirkt es sich auf die betroffenen Tiere aus? Welche nicht-intendierten Folgen können auftreten? Etc.)

Ethisches Nachdenken braucht demnach naturwissenschaftliche Daten. Diese Daten sind notwendig, können jedoch die ethische Diskussion nicht ersetzen: Daten entscheiden nicht, ziehen keine Grenzen, wägen nicht ab – sondern sind abzuwägen.

Weiterführende Reflexionsfrage

Inwieweit ist die zunehmende Moralisierung von Lebensbereichen Zeichen eines kulturellen Fortschritts – oder führt sie zur Überforderung?

Philosophischer Literaturtipp

Bleisch, Barbara; Huppenbauer, Markus: Ethische Entscheidungsfindung. Ein Handbuch für die Praxis.

4. Kapitel

Schutz von Umwelt und Klima – warum eigentlich?

Von der Landwirtschaft wird gegenwärtig gefordert, sie möge Umwelt- und Klimaschutz betreiben. Diese Ziele können essentielle Wertvorstellungen unserer Gesellschaft genannt werden. Die zynische Zwischenbemerkung, dass die meisten von uns es lieber sehen, wenn die Anderen hierbei mit gutem Beispiel vorangehen, mag stimmen; nichtsdestotrotz haben wir uns als Gesellschaft darauf geeinigt, dass Umwelt (man denke an Boden, Wasser, Luft und Biodiversität) und Klima aus moralischen Gründen zu schützen sind. Aber warum eigentlich? Wie ist hier die ethische Begründung?

Naturethik – eine junge Disziplin

Philosophiegeschichtlich betrachtet ist die ethische Frage nach dem Umgang mit Umwelt und Klima eine sehr junge. Die „traditionelle" Ethik, von der Antike über das Mittelalter bis tief in die Neuzeit, setzte sich nahezu ausschließlich mit dem zwischenmenschlichen Umgang auseinander: Wie soll ich mich meinen Mitmenschen gegenüber verhalten? Was ist ihnen gegenüber moralisch in Ordnung, was verwerflich?

Die gegenwärtige Ethik weitet diese Fragen mit Blick auf die Natur aus: Dürfen wir mit Natur alles tun, was wir können? Oder gibt es hier moralische Grenzen? Die gegenwärtige Naturethik hat dabei ihre Initialzündung im 20. Jahrhundert erlebt: Im Rahmen der Diskussionen um Ressourcenerschöpfung, Luftverschmutzung, Waldsterben, Ozonloch, Artensterben, Abholzung tropischer Regenwälder, Versteppung von Landstrichen, Kollaps von Ökosystemen und den Klimawandel als Folgen des Industriezeitalters wurde die grundsätzliche Frage nach einem moralisch verantwortbaren Umgang des Menschen mit der Natur (neu) aufgeworfen.[5]

Ökologische Apokalypse?

Die Grundatmosphäre dieser Debatte war dabei von Beginn an von apokalyptischen Tendenzen geprägt. Der Bericht „Die Grenzen des Wachstums" des Club of Rome aus dem Jahr 1972, ein maßgeblicher Bezugspunkt der ökologischen Diskurse bis heute, warnte etwa in eindringlichen Worten vor einem Fortlaufen der bisherigen Prozesse rund um Weltbevölkerungszunahme, Umweltverschmutzung und Ausbeutung der natürlichen Ressourcen.

Der Tenor der Studie: Die Menschheit wird nicht überleben, wenn sie fortfährt wie bisher (vgl. Meadows et al. 1972). Und damit sind wir auch endgültig bei den ethischen Begründungen angelangt.

Warum sollen wir Umwelt und Klima schützen?

Kehren wir zur eingangs gestellten Frage zurück: Warum sollen wir Umwelt und Klima aus moralischen Gründen schützen?

---

[5] Damit soll nicht gesagt sein, dass es in früheren Zeiten keine Debatten um Umweltbelastungen gab. Manche antike Klage klingt sogar äußerst modern. Plinius der Ältere schrieb beispielsweise: „Wir vergiften die Flüsse und die Grundbestandteile der Natur; und wir verderben selbst das, was unsere Lebensgrundlage ist." (Plinius, Naturalis Historia, 18,3)

Um dies zu klären, wollen wir den abstrakten Begriff „Umwelt"[6] exemplarisch konkretisieren, und zwar, indem wir uns einen Wald vorstellen. Dieser Wald wird landwirtschaftlich genutzt. Die Nutzung soll dem Klima- und Umweltschutz gerecht werden.

Nun stellt sich aus philosophischer Perspektive die Frage, *warum* dieser Wald zu schützen ist. Drastisch formuliert: Warum sollte man ihn nicht sofort vollständig roden? Hierauf lassen sich verschiedene Antworten geben. Diese Antworten werden im Folgenden bewusst alltagssprachlich gefasst, bevor sie im Anschluss in den entsprechenden philosophischen Fachbegriffen erläutert werden.

#1 Ich schone den Wald aus Eigeninteresse

Ein erster Grund, den Wald nicht vollständig zu roden, kann darin bestehen, dass man ihn langfristig als Ressource nutzen möchte. Man nimmt daher nur so viel Holz aus dem Wald, dass die Bäume stets nachwachsen können. Dieser forstwirtschaftliche Grundgedanke bildet die Basis des heute so vielfach diskutierten Nachhaltigkeitskonzepts.

---

[6] Der Terminus „Umwelt" wird – seit er von Jakob Johann von Uexküll in den allgemeinen Sprachgebrauch gebracht worden ist (vgl. Herrmann und Sieglerschmidt 2017, 2-5) – durchaus unterschiedlich verwendet. Er kann verstanden werden als alles, „was den Menschen in den physischen, gefühlsmäßigen, technischen, ökonomischen und sozialen Bedingungen und Interaktionen (...) tangiert." (Hansmeyer und Rürup 1973, 7) Gerade in den vergangenen Jahrzehnten jedoch meint er in der Regel die natürliche Umwelt, die den Menschen oder andere Lebewesen umgibt, also „die Gesamtheit der belebten und unbelebten Umgebungsfaktoren, die auf einen Organismus einwirken bzw. auf die er selbst einwirkt (...)". (Klapperich 1998, 622) Wird der Begriff konkretisiert, so meint er nicht selten schlicht „den menschlichen Lebensraum (...), Luft, Wasser, Boden, Lebewesen". (Hering 2002, 15) Oft genug wird er auch völlig synonym mit dem Naturbegriff verwendet (vgl. exemplarisch Elvers 2005, 71-92).

Dieses Vorgehen kann sicherlich *klug* genannt werden. Oder in anderen Worten: Alles andere wäre strategisch dumm. Mit einer *moralischen* Entscheidung aber wird dieses Vorgehen meist eher nicht assoziiert. Warum nicht? Weil im Mittelpunkt dieser Entscheidung der Handelnde selbst steht. Er tut das, was für ihn selbst am besten ist. Er schont den Wald aus Eigeninteresse. Damit ist der Imperativ („Fälle nicht mehr Holz als nachwachsen kann!") nicht so sehr ein moralischer, als vielmehr eine Regel der Klugheit.

Trotzdem – und das soll hierbei nicht untergehen – kann dieser Imperativ dazu beitragen, schonend mit dem Wald umzugehen. Allerdings nur, solange der Entscheidungsträger ein Interesse daran hat, den Wald langfristig zu nutzen. Hat er daran kein Interesse mehr, ist der Wald mehr oder weniger seiner Willkür ausgesetzt. Und eben dies wird von vielen kritisiert.

Eine ähnliche Debatte begegnet uns in landwirtschaftlichen Diskussionen immer wieder. Landwirtinnen sagen beispielsweise: „Ich achte auf meinen Boden, auf meine Tiere, auf meine Wälder, weil ich von ihnen lebe und sie weiterhin nutzen möchte." Kritiker sehen darin – wie beschrieben – kein moralisches Argument, sondern nur den Ausdruck von Eigeninteresse. Dieses, so die Kritik, wird der Bedeutsamkeit von Boden, Tieren und Wäldern eben nicht gerecht

#2 Ich schone den Wald – mit Blick auf meine Erben

Ähnlich gelagert wie Antwort #1 lässt sich argumentieren, den Wald zu schonen, damit auch die eigenen Erben (wie Kinder oder Enkelkinder) einst etwas von ihm haben. Dies erinnert an den gegenwärtigen Slogan in der Landwirtschaft: „Wir denken nicht in Kampagnen, wir denken in Generationen." Dieses Argument leuchtet den allermeisten Menschen intuitiv unmittelbar ein: Man will, dass es den Nachfahren der Familie gut geht, dass auch sie Ressourcen haben, die sie zu ihrem Wohlergehen nutzen können. Dieses Argument ist sogar derart überzeugend, dass viele kaum einen Unterschied zur Antwort #1 sehen, sprich: Auch hier geht es weitgehend um die eigenen Interessen, wenngleich es auch nicht mehr nur um die eigene Person geht.

#3 Ich schone den Wald – mit Blick auf andere Menschen bzw. zukünftige Generationen

Während #1 und #2 auf die eigenen Interessen fokussieren, kann man den Wald auch mit Blick auf andere Menschen bzw. zukünftige Generationen insgesamt schonen. Hierbei geht es nicht nur um die eigenen Nachfahren, sondern um die Menschen allgemein, die gegenwärtig, vor allem aber in Zukunft auf diesem Planeten leben werden.

Während #1 und #2 unseren Intuitionen unmittelbar einleuchten, geht an dieser Stelle oftmals die Überzeugungskraft des Arguments verloren. So fragen manche zurück: „Warum soll ich für Menschen Gutes tun, die noch nicht einmal existieren, die ich nie kennen lernen werde und bei denen ich nicht einmal weiß, was sie benötigen? Vielleicht werden sie den Wald gar nicht zu schätzen wissen!" Das ist eine einleuchtende Rückfrage, denn in der Tat wissen wir nicht, welche Güter für zukünftig lebende Menschen essentiell sein werden. Auch ist es gar nicht so einfach zu argumentieren, warum Menschen, die noch nicht existieren, moralische Ansprüche an uns stellen können.

Aber dennoch ist festzuhalten: Unsere heutigen Handlungen wirken sich auf jene Menschen aus, die in Zukunft auf der Erde leben werden. Daher wäre es unmoralisch, sie in unseren Überlegungen vollständig auszublenden. Und zwar heute mehr denn je, denn: Der Mensch der Antike brauchte sich um die

Zukunft des Planeten als lebensfreundliches Umfeld keine großen Sorgen zu machen. Wir aber sind gegenwärtig in einer anderen Situation: Wir besitzen Techniken, deren Konsequenzen weit in die Zukunft reichen. Und wir sind einige Milliarden, was bedeutet: Unser Lebensstil hat durchaus enorme Auswirkungen auf die Umwelt.

„Das Prinzip Verantwortung"

Auf diese beiden Aspekte wies im Besonderen der deutsche Philosoph Hans Jonas (1903-1993) hin, der in seinem Buch „Das Prinzip Verantwortung" argumentierte: Wir brauchen eine neue Ethik, die um unsere besondere Verantwortung für zukünftig lebende Generationen weiß. Wir sollen also nicht mehr nur die „Nächsten" lieben, sondern gerade auch die „Fernen", jene, die erst in hundert oder zweihundert Jahren auf der Erde leben. Welche Bedingungen werden sie vorfinden? Welchen Planeten hinterlassen wir ihnen? Das sind für Jonas entscheidende Fragen einer neuen Ethik. Diese Verantwortung für Umwelt und Zukunft artikuliert sich u.a. prominent im allgegenwärtigen Schlagwort der Nachhaltigkeit. Nachhaltigkeit wird dabei weniger im Sinne von #1 und #2 verstanden, und mehr im Sinne von #3: Aus einer Klugheitsregel wird ein ethischer Imperativ.

Warum braucht/wünscht der Mensch Natur?

Es ist plausibel, davon auszugehen, dass zukünftig lebende Menschen uns ähnlich sein werden, dass sie also ähnliche Interessen und Bedürfnisse aufweisen. Der Mensch braucht zur Erfüllung seiner Grundbedürfnisse bestimmte Umweltmedien. Ohne Nahrung, Wasser, Luft und weitgehend freundliches Klima ist kein Überleben möglich.

Aber die Umwelt ist nicht nur notwendig für ein Überleben; über diese Bedürfnisse hinaus tragen Naturerfahrungen maßgeblich zu einem guten, gelingenden Leben bei. Um beim konkreten Beispiel zu bleiben: Der Wald ist eben nicht nur Ressource, sondern auch eine Quelle für ästhetische Kontemplation und für sinnlichen Genuss. Soll heißen: Menschen gehen gerne in Wäldern spazieren, sie atmen dort auf, genießen den Anblick und die Stille. Auch hierin kann eine Begründung gefunden werden, warum Natur – im gegebenen Fall: der Wald – zu schonen ist. Auch zukünftige Generationen sollen den Genuss eines Waldspaziergangs erleben können.

#4 Ich schone den Wald – mit Blick auf die Tiere

Alle bisher genannten Argumente fokussieren auf Menschen: auf sich selbst, auf die Kinder und Enkelkinder oder auf zukünftig lebende Generationen. Warum aber sollten wir nur Menschen moralisch berücksichtigen müssen, wo unser Handeln doch auch Auswirkungen auf die Tiere hat? Wenngleich Wälder im Vergleich zu anderen Ökosystemen oftmals als eher „tierarm" zu beschreiben sind, nimmt eine Rodung dennoch zahlreichen Tieren ihren Lebensraum. Auch hierin kann ein Argument gefunden werden, warum mit dem Wald schonend umzugehen ist.

#5 Ich schone den Wald – mit Blick auf die Bäume selbst

Schließlich kann argumentiert werden: Man schont den Wald wegen der Bäume selbst. Dieses Argument mag für manche ungewöhnlich sein, und doch votiert eine bestimmte Position innerhalb der Naturethik, nämlich die biozentrische, dass man auf alles Lebendige Rücksicht zu nehmen hat. Was lebt, soll nicht achtlos als Ressource verbraucht werden. Alles, was wächst und gedeiht, hat einen bestimmten moralischen Umgang verdient.

Ethische Theorien

Nun sollen die genannten Antworten in jene Fachbegriffe übersetzt werden, wie sie in den entsprechenden ethischen Theorien Verwendung finden. Begrifflich wird es damit nun komplexer, inhaltlich aber bleiben wir im Rahmen der gegebenen Antworten #1 bis #5.

Anthropozentrische Argumente

Es lassen sich zwei grundsätzliche Argumentationen unterscheiden, warum das Klima und die Umwelt zu schützen sind. So genannte anthropozentrische Positionen (aus dem griech. ánthropos = „Mensch") fokussieren auf den Menschen: Wir sollen Klima und Umwelt schützen, weil beides wichtig und gut für das menschliche Leben ist, sowohl für jene Menschen, die gegenwärtig leben, wie auch für zukünftige Generationen.

Das sogenannte (1) „Basic-needs-Argument" weist hierbei darauf hin, dass der Mensch die Natur zur Erfüllung zentraler Grundbedürfnisse braucht. Ohne Nahrung, Wasser oder Luft ist kein Leben möglich. Aus diesem Grund, so diese Argumentation, ist Natur zu schonen. Diese Klugheitsregel geht im 20. Jahrhundert in einen moralischen Imperativ über, insofern im Zuge der Zukunftsverantwortung, wie sie Jonas konzipiert, und im Aufkommen des neuen gesellschaftlichen Leitbildes der Nachhaltigkeit nun auch nachfolgende, noch nicht geborene Generationen in den Blick dieser Überlegung geraten. Auch diesen soll es möglich sein, ihre Grundbedürfnisse in Abarbeitung an der Natur zu stillen.

Über diese Befriedigung der Grundbedürfnisse hinausgehend ist darauf hinzuweisen, dass (2) die Begegnung mit Natur auch eine wesentliche Option für ein gutes, gelingendes Leben darstellt. Wiederholend denke man an den

Waldspaziergang. Ohne Kontakt mit einer (als reich und vielfältig wahrgenommenen) Natur ist unser Leben schlicht ärmer. Auch hierin kann eine Begründung gefunden werden, warum Natur zu schonen ist bzw. warum zumindest bestimmte „Funktionen" der Natur, die über Ressourcenaspekte hinausgehen, auch nachfolgenden Generationen als Optionen offen zu halten sind.

Nicht-anthropozentrische Argumente

Die aufkommende Naturethik im 20. Jahrhundert brachte im Wesentlichen ein neues Konzept – bzw. einen alten, in früheren Kulturen zumeist religiös motivierten Gedanken im neuen Gewand: Die Natur ist nicht nur zu schützen, weil und insofern sie von Bedeutung für die Befriedigung menschlicher Interessen ist. Dies wäre der klassische anthropozentrische Standpunkt wie er in den Argumenten #1, #2 und #3 aufgetaucht ist. Die Natur (genauer: bestimmte Entitäten[7]) ist vielmehr auch um ihrer selbst willen moralisch zu berücksichtigen. In diesen nicht-anthropozentrischen Positionen – manche sprechen auch von physiozentrischen Ethiken – besitzt Natur demnach einen moralisch relevanten *Eigenwert*, und zwar unabhängig von menschlichen Nutzenüberlegungen.

Was kann unter einem „moralischen Eigenwert", manche verwenden auch den Begriff „intrinsischer Wert", verstanden werden? Wer einen solchen Eigenwert aufweist, ist Mitglied der so genannten „moralischen Gemeinschaft" (*moral community*). Das heißt: Er muss um seiner selbst willen moralisch geachtet werden.

---

[7] „Entität" ist ein Begriff der Philosophie (genauer ein Grundbegriff der Ontologie) und meint etwas, das existiert, ein Seiendes. Man könnte also auch „Ding" sagen, allerdings weckt „Ding" oftmals Assoziationen mit einem leblosen Gegenstand.

Spricht man einem Objekt einen intrinsischen Wert zu, so wird damit ausgesagt, dass dieses Objekt einen Wert besitzt, „unabhängig davon, ob Menschen ihm einen solchen zuschreiben wollen." (Potthast 1999, 131) Weist eine Entität einen solchen Wert auf, besteht „eine Pflicht zur Achtung dieses Werts gegenüber dem Objekt selbst". (ebd.)

Während in anthropozentrischen Ethiken nur Menschen bzw. vernunftbegabte Lebewesen Träger intrinsischer Werte sind, ist „Nicht-Anthropozentrik" quasi der Oberbegriff für ethische Positionen, die auch nicht-menschlichen Objekten solche Werte zusprechen.

Das bedeutet: Auch, wenn kein Mensch auch nur irgendein Interesse an einer bestimmten Naturentität aufweist, kann man mit dieser nicht einfach tun, was man möchte. Bei Tieren leuchtet dieses Argument den allermeisten Menschen unmittelbar ein. Um ein Beispiel zu geben: Auch herrenlose Hunde darf man nicht quälen. Bei Pflanzen wird das Argument in der Regel hingegen kritischer gesehen.[8]

---

[8] Zur Schärfung des Begriffs „moralischer Eigenwert" soll noch einmal ein Beispiel gebracht werden: In der „klassischen" anthropozentrischen Ethik wird Menschen ein moralischer Eigenwert zugesprochen. Alle Menschen sind Mitglieder der moralischen Gemeinschaft. Wir müssen demnach jeden Menschen um seiner selbst willen moralisch berücksichtigen. Nicht, weil ein Mensch von Nutzen wäre. Nicht, da er einer besonderen Gruppe angehört. Nicht, da er Eltern hat, die sich um ihn sorgen. Nein, um seiner selbst willen. Ein Buch hingegen ist nicht Mitglied der moralischen Gemeinschaft. Wir müssen es demnach nicht um seiner selbst achten. Gehört das Buch mir, darf ich mit ihm machen, was ich möchte. Leihe ich mir aber ein Buch von einer Freundin, dann muss ich durchaus sorgsam mit diesem Buch umgehen – nicht aber wegen des Buchs selbst, sondern wegen der Freundin, der das Buch gehört. Denn sie muss ich in ihren Interessen moralisch achten – und wahrscheinlich hat sie ein Interesse daran, dass sie ihr Eigentum unbeschädigt zurückbekommt.

Beispiel für eine nicht-anthropozentrische Ethik: Der Biozentrismus

Ein berühmtes Beispiel für eine nicht-anthropozentrische Ethik ist der so genannte Biozentrismus, wie er in Argument #5 auftaucht. Der Biozentrismus argumentiert: Alles Lebendige hat einen intrinsischen Eigenwert. Daher haben wir allem Lebendigen gegenüber die Pflicht, uns moralisch zu verhalten. Bekanntheit über den akademischen Diskurs hinaus hat diese Position vor allem durch Albert Schweitzer (1875-1965) erlangt. Schweitzer erkennt allem Lebendigen den „Willen" zu, leben zu wollen: „Ich bin Leben, das leben will, inmitten von Leben, das leben will." (Schweitzer 1974, 377) Diesem „Lebenswillen", so Schweitzer, ist in moralischer Perspektive Rechnung zu tragen; ihm ist mit *Ehrfurcht* als Grundhaltung zu begegnen.

Ein prominenter Denker mit ähnlicher Argumentation ist der bereits zitierte Hans Jonas: Bestimmte Entitäten in der Natur, so Jonas, arbeiten auf etwas hin; auch ohne Bewusstsein wollen sie etwas. Man denke an Pflanzen, die danach trachten, zu wachsen und zu gedeihen. Der Biozentrismus erkennt in diesem Streben etwas, das moralisch relevant ist.

Um beim Beispiel des Baumes zu bleiben: Bäume weisen weder Selbstbewusstsein noch Leidensfähigkeit auf, und dennoch ist es für einen Biozentristen wie Jonas oder auch den Philosophen Taylor „zweifellos richtig, dass unsere Handlungen für Bäume schädlich oder von Nutzen sein können." (Taylor 1997, 114) In anderen Worten: Auch, wenn ein Baum keine Interessen aufweist, kann eine Handlung in seinem Interesse sein bzw. seinen Interessen widersprechen. In abstrakte Begriffe gebracht argumentiert der Biozentrismus: Da ist etwas (z.B. eine Pflanze), das von sich aus etwas anstrebt (Wachsen und Gedeihen); wir als Menschen können auf dieses Streben positiv oder negativ einwirken – und sollten uns dieser Verantwortung bewusst sein. Im Idealfall fördern wir dieses Streben und gehen nicht achtlos mit Lebendigem um.

Kritik an beiden Positionen

Sowohl anthropozentrische wie auch nicht-anthropozentrische Ethiken werden teilweise heftig kritisiert. Die „klassische", anthropozentrische Ethik wird beispielsweise als wesentlicher Mitverursacher der „ökologischen Krise" und der Ausbeutung der Natur angesehen. Exemplarisch schreibt Bosselmann: Der Anthropozentrismus ist „die tiefste Ursache der ökologischen Krise. [...] Die menschliche Arroganz, die Welt nur nach eigenen Maßstäben einzurichten und zu bewerten, hat die Natur über Jahrtausende hinweg diskriminiert." (Bosselmann 1992, 14)

Andere Stimmen weisen darauf hin, dass ein (für Umweltfragen sensibilisierter) Anthropozentrismus eben *nicht* mit schnödem Ressourcendenken gleichzusetzen ist. Die Interessen des Menschen an der Natur sind vielfältig und daher in ihrem Reichtum zu benennen. In diesem Sinne, so etwa die Philosophin Krebs, können anthropozentrische Argumente durchaus einen sorgsamen Umgang mit Natur begründen, und zwar weit überzeugender als nicht-anthropozentrische Ethiken. (Krebs 1997, 364)

Die Kritik am Biozentrismus fällt teilweise heftig aus. Der Philosoph Frankena schreibt beispielsweise: „Meines Erachtens besteht die Schwierigkeit darin, dass es vom moralischen Standpunkt aus keinen Grund gibt, warum wir etwas respektieren sollten, das lebendig ist, aber keine bewussten Empfindungen hat und daher kein Vergnügen, keinen Schmerz, keine Freude und kein Leid erfahren kann." (Frankena 1997, 283) Auch kann auf pragmatischer Ebene gefragt werden, welche Konsequenzen aus einem biozentrischen Standpunkt abgeleitet werden müssen: Dürfen wir Pflanzen nicht mehr nutzen? Das wäre nicht möglich. Der moralische Imperativ eines radikalen Biozentrismus ist schlicht „nicht lebbar" (Irrgang und Bammerlin 1998, 402) bzw. nur unter stetem Aufladen von schwerer Schuld.

Und doch kann der Biozentrismus auch verteidigt werden, denn: Er formuliert eine Intuition, die wir durchaus in uns tragen, nämlich, dass beispielsweise ein Baum in der Tat mehr als nur Ressource und mehr als nur ein lebloser Gegenstand ist. Ein Baum ringt uns Staunen ab. Da wächst etwas ohne unser Zutun, es strebt der Sonne entgegen und tut dies über viele, viele Jahre. Dieses Staunen mag nicht ausreichen, um eine klare ethische Regel abzuleiten im Sinne von „Du darfst keinen Baum fällen!"; und doch kann ein Nachdenken dazu führen, zumindest nicht achtlos mit dem Lebendigen um uns herum umzugehen.

Besondere Verantwortung der Landwirtschaft?

Auch wenn dieses Kapitel auf die ethische *Begründung* von Umwelt- und Klimaschutz fokussierte, soll ein letzter Absatz die besondere Verantwortung der Landwirtinnen und Landwirte thematisieren. Bleiben wir beim Beispiel des Waldes, denn hier wird auch sofort ein grundsätzliches Problem ersichtlich:

Wer Umwelt (wie Wald, Felder, Wiesen) besitzt, hat dafür besondere Verantwortung. Zugleich wird eben diese Umwelt von vielen Menschen „konsumiert". Auch die Nicht-Waldbesitzerinnen fahren am Wochenende hinaus aus der Stadt, um durch den Wald zu spazieren.

Hier zeigt sich ein Gefälle, das – so meine Vermutung – uns in den kommenden Jahrzehnten verstärkt beschäftigen wird: Bestimmte Umwelt ist für die Landwirtin und den Landwirt notwendigerweise immer auch materielle Ressource; für den Rest der Gesellschaft hingegen ist dieselbe Landschaft vor allem ästhetische Ressource: Man möchte sich erholen und Ruhe finden. Entsprechend haben alle ein Interesse an der Umwelt, dieses aber ist durchaus unterschiedlich (was nicht bedeutet, dass Landwirtinnen *kein* Interesse an Umweltschutz hätten) – und nur die Wenigsten *besitzen* ein Stück „Umwelt". Konflikte sind daher vorprogrammiert.

Man kann diese Problematik auch jenseits des landwirtschaftlichen Kontextes mit einem Extrembeispiel verdeutlichen: Inwieweit soll die Gesellschaft jenen Menschen, die den Luxus eines Gartens besitzen, vorschreiben, wie dieser Garten zu gestalten ist?

Exemplarisch: Wenn sich die Gesellschaft eine „bienenfreundliche" Umwelt wünscht, bestimmte Bürgerinnen und Bürger bestehen aber auf ihren englischen Rasen – wie ist damit umzugehen? Anders gefragt: Warum sollte jemand, der seinen Rasen kurz gemäht sehen möchte, in seinem Garten eine Art Wildnis wachsen lassen? Nur, weil andere ihn dazu auffordern? Andere, die eventuell selbst nicht bereit sind, aktiven Umweltschutz zu betreiben, sondern nur Forderungen stellen? Zugleich gibt es Personen, die kein Stück Boden, Wiese oder Wald besitzen, ja, nicht einmal einen Balkon haben, auf dem sie beispielsweise eine bienenfreundliche Umgebung schaffen könnten – dürfen diese Personen dann keinerlei Forderungen stellen? Ich weiß, dass dieses Beispiel in den Ohren vieler absurd erscheint, hoffe aber dennoch, dass die Parallele und die grundsätzliche Dynamik ersichtlich werden: Gerade in einer Gesellschaft, in der der „Besitz" von „Umwelt" ungleichmäßig verteilt ist, spitzen sich Umweltschutzfragen zu.

Wiederholend: Konflikte sind vorprogrammiert. Umso entscheidender wird es sein, dass Zielsetzungen – wie Umweltschutz – als *gesamtgesellschaftliche* Aufgabe verstanden werden.

Weiterführende Reflexionsfragen

(1) Welche Begründung halten Sie für Umwelt- und Klimaschutz für plausibler: Eine anthropozentrische oder eine nicht-anthropozentrische? Wo liegen die Stärken bzw. Schwächen beider Positionen?

(2) Beschreiben Sie die besondere Verantwortung der Landwirtschaft für Umwelt und Klima aus Ihrer Perspektive. Wo liegen hier die entscheidenden Probleme?

Philosophischer Literaturtipp

Krebs, Angelika (Hrsg.): Naturethik. Grundtexte der gegenwärtigen tier- und ökoethischen Diskussion.

5. Kapitel

Eine kurze Einführung in die Tierethik

Um mit einer zugegeben drastischen Formulierung zu beginnen: *Das Nutztier ist gesellschaftlich umstritten wie wohl seit der neolithischen Revolution[9] nicht mehr.* Dabei sind es nicht nur die so genannten „Skandale", bei denen von Einzeltäterinnen gültiges Recht gebrochen wird, die das Vertrauen der Konsumentinnen erschüttern und für Empörung sorgen; auch bislang gängige Praktiken wie etwa das Kupieren von Schwänzen bei Ferkeln oder die betäubungslose Ferkelkastration werden angeprangert.

Entsprechend kontrovers ist die Debattenlandschaft: Wo neue Ställe geplant werden, organisiert sich nicht selten eine Protestbewegung. Christian Rauffus, Inhaber der *Rügenwalder Mühle*, orakelte kürzlich, das Essen von Wurst werde bald gesellschaftlich so verpönt sein wie heute das Rauchen. (Vgl. Kwasniewski 2015) Nutztierhaltende Landwirtinnen, Verarbeitungsbetriebe wie auch Veterinärmediziner (sprich: Professionen, die im Bereich der Nutztierhaltung beruflich zu tun haben) sehen sich angesichts derartiger Tendenzen oftmals an den Pranger gestellt. In einer viel diskutierten Artikelserie der deutschen „Zeit" wurde der Tierarzt exemplarisch als „Dealer" innerhalb eines kranken Systems beschrieben. (Vgl. Fuchs 2014) Vor diesem Hintergrund einer sich zuspitzenden Debatte hat der Wissenschaftliche Beirat für Agrarpolitik beim

---

[9] Als „neolithische Revolution" bezeichnet man gemeinhin das Aufkommen von Ackerbau und Viehzucht und einhergehend das Sesshaft-Werden von „Jäger und Sammler"-Gesellschaften. Der Begriff „Revolution" führt dabei eventuell in die Irre, handelte es sich doch um einen Wandel, der eine lange Zeitspanne benötigte. Nichtsdestotrotz ist dieser Prozess einer der wichtigsten Umbrüche in der bisherigen Geschichte der Menschheit gewesen.

deutschen Bundesministerium für Ernährung und Landwirtschaft sein Gutachten „Wege zu einer gesellschaftlich akzeptierten Nutztierhaltung" erarbeitet (vgl. WBA 2015) – ein Bericht, dessen Titel bereits andeutet, dass die gesellschaftliche Akzeptanz der Nutztierhaltung eben keine Selbstverständlichkeit mehr ist. Die tierethische Frage, welchen moralischen Umgang wir Tieren schulden, ist dabei, als Thema die gesellschaftliche Mitte zu erreichen.

Welchen moralischen Umgang schulden wir Tieren?

„Tierethik" ist für viele etwas, das an die Universität gehört, nicht aber in den Stall. Zugleich aber sind auch Landwirtinnen und Landwirte dazu aufgerufen, proaktiv über ihre Verantwortung gegenüber Tieren nachzudenken. Welchen moralischen Umgang schulden wir Tieren? Diese Frage mag akademisch klingen, sie ist es aber nicht. Sie betrifft die Nutztierhaltung jeden Tag. In klare Worte gefasst: Wer heute mit Tieren sein Geld verdient, sollte Auskunft darüber geben können, warum er dies so macht, wie er es macht, und warum er es für grundsätzlich moralisch rechtfertigbar hält. Wer das nicht erklären kann, sollte besser mit seiner Arbeit aufhören.

Wird gegenwärtig über Tierschutz oder Tierwohl aus Sicht der Landwirtschaft diskutiert, landet die Debatte schnell bei Fragen der Machbarkeit (Wie sollen die Mehrkosten finanziert werden?) oder des Marketings (Wie kann die oft fachfremde Verbraucherin darüber informiert werden, dass in Sachen „Tierwohl" bereits viel Positives geschieht?). Diese Fragen sind bedeutsam, sie können die grundsätzliche jedoch nicht ersetzen: Welchen Umgang schulden wir denn nun Tieren? Diese Frage ist eine ethische. Ethische Fragen bringen es mit sich, dass sie nicht in letzter Klarheit beantwortet werden können – aber dennoch muss man sich in einer gut begründeten Antwort versuchen.

Die „klassische" Ethik fragte viele Jahrhunderte lang danach, welchen moralischen Umgang wir unseren *Mitmenschen* schulden: Dürfen wir beispielsweise in bestimmten Situationen lügen? Wie sind knappe Güter gerecht zu verteilen? Oder: Ist eine Tötung immer abzulehnen oder kann sie in bestimmten Extremsituationen (etwa als Akt der Gnade oder bei einem „Tyrannenmord") erlaubt sein?

Es zeigt sich, dass bereits diese Fragen alles andere als leicht zu beantworten sind. Aber es wird noch komplizierter, denn: Warum sollten wir einen bestimmten moralischen Umgang nur Menschen schulden? Warum sollten nicht auch Tiere moralisch begründete Rechte aufweisen? Prominent artikuliert sich diese Frage gegenwärtig in der Diskussion rund um das Essen von Fleisch: Darf man Tiere halten, um sie zu essen?

Vier beispielhafte Positionen

Die Tierethik ist – wie die Philosophie insgesamt – ein Wirrwarr an Positionen, die nicht erschöpfend dargestellt werden können. Wir wollen im Folgenden daher radikal vereinfachen und die Antworten der vergangenen Jahrhunderte zu diesem Thema auf vier idealtypische Positionen verkürzen.

#1 Das Tier ist bloß ein Gegenstand: Radikaler Anthropozentrismus

Man kann behaupten, dass Tiere überhaupt keinen moralischen Eigenwert[10] besitzen, dass sie also so etwas wie Dinge sind, die nur als Eigentum moralisch bedeutsam sind. In dieser Perspektive sind Tiere bloße Gegenstände: Gehört

---

[10] Dieser Begriff wird in Kapitel 4 näher erläutert. Eine kurze Erklärung an dieser Stelle: Wer einen moralischen Eigenwert aufweist, *muss um seiner selbst willen moralisch behandelt werden*. Gemeinhin gehen wir davon aus, dass beispielsweise allen Menschen ein solcher Eigenwert zugesprochen werden muss – nicht aber beispielsweise einem Stein, den wir am Wegesrand finden.

ein Tier mir, kann ich mit ihm machen, was immer ich möchte. Ähnlich wie wenn mir ein Tisch oder ein Buch gehört.

Die längste Zeit in der Menschheitsgeschichte galten Tiere mehr oder weniger als Gegenstände, mit denen man im Grunde verfahren konnte, wie man wollte. Moralische Konflikte ergaben sich demnach vor allem aus etwaigen Eigentumsfragen. So heißt es beispielsweise in der Rechtssammlung Codex Hammurapi um 1700 vor Chr.:

> „Wenn jemand einen Ochsen mietet und ihn durch Vernachlässigung oder Schläge tötet, so soll er Ochsen für Ochsen dem Eigentümer ersetzen. Wenn jemand einen Ochsen mietet und bricht ihm ein Bein oder zerschneidet ihm das Nackenband, so soll er Ochsen für Ochsen dem Eigentümer ersetzen." (Codex Hammurapi §245-§246, zitiert nach: Winckler 2010)

Der Ochse selbst spielt in diesem Gesetz im Grunde keine Rolle. Die Verantwortung besteht nicht dem Tier gegenüber, sondern seinem Besitzer. Nun könnte man sagen, dass seit dem Codex Hammurapi viel Zeit vergangen ist, aber noch in der Neuzeit wird Tieren gegenüber ganz ähnlich argumentiert.

René Descartes (1596-1650), ein großer Gelehrter seiner Zeit, ging beispielsweise davon aus, dass Tiere keinen echten Schmerz fühlen, sondern so etwas Ähnliches wie Maschinen oder Uhren sind:

> „Tiere sind nichts anderes als Maschinen. (...) Brennt man ihre Haut mit glühenden Eisen, dann winden sie sich zwar, schneidet man mit einem Skalpell in ihr Fleisch, dann schreien sie zwar, aber da ist kein wirkliches Empfinden. Ihre Schmerzensschreie bedeuten nicht mehr als das Quietschen eines Rades." (Descartes 1990, 32)

Auch bei Immanuel Kant (1724-1804), einem der bedeutendsten Philosophen, haben Tiere keinen moralischen Eigenwert. Kants Ethik fokussiert auf die

Vernunftfähigkeit: Jedes Wesen, das Vernunft aufweist (das also nachdenken, entscheiden und begründen kann), müssen wir moralisch um seiner selbst willen berücksichtigen. Ein vernunftfähiges Wesen dürfen wir beispielsweise nur in absoluten Ausnahmefällen einsperren oder töten. Alle anderen Wesen und Dinge, die keine Vernunft haben, sind für Kant moralisch nicht weiter bedeutsam.

Diese Position wird oft Anthropozentrismus genannt, weil sie im Grunde darauf hinausläuft, dass nur (vernunftbegabte) Menschen (aus dem griech. ánthropos = „Mensch") moralischer Eigenwert zugesprochen werden muss. Darf man demnach mit einem Hund alles tun, was man möchte? Kant würde dies verneinen: Zuallererst hat der Hund wahrscheinlich eine Besitzerin. Quäle ich den Hund, wird die Besitzerin nicht darüber erfreut sein, ja, wahrscheinlich sogar leiden. Was aber ist mit herrenlosen, streunenden Tieren? Darf ich mit diesen tun, was ich will? Auch das verneint Kant, allerdings ist seine Begründung typisch anthropozentrisch. Er argumentiert: Wer Tiere quält, der verroht. Und wer verroht, wird sich irgendwann auch Menschen gegenüber grausam verhalten. Daher ist Tierquälerei moralisch verwerflich. (Kant, Metaphysik der Sitten, Tugendlehre, §17)[11]

Das pädagogische Argument bei Kant

Dieses Argument wird oftmals „pädagogisches Argument" genannt. Es brachte Kant nicht nur den Spott Schopenhauers ein. Soll man also, so

---

[11] Wenn es um den „lebenden, obgleich vernunftlosen Teil der Geschöpfe" (Metaphysik der Sitten, Tugendlehre, §17, A108) geht (Kant präzisiert im weiteren Verlauf des Satzes, dass er hierbei über Tiere spricht), sollte man kein gewaltsames und grausames Vorgehen an den Tag legen, weil dadurch „eine der Moralität, im Verhältnisse zu anderen Menschen, sehr diensame natürliche Anlage geschwächt und nach und nach ausgetilgt" (Metaphysik der Sitten, Tugendlehre, §17, A 109) wird.

Schopenhauer in ironischer Rückfrage an Kant, nur „zur Übung" Mitleid mit Tieren haben? (Schopenhauer, Über die Grundlage der Moral, §8.) Es widerspricht auch der moralischen Empfindung, welche uns Tierquälerei auch dann als verwerflich nahelegt, wenn das Tier keinen Besitzer aufweist und – ein Gedankenexperiment – es zu keiner wie auch immer gearteten Verrohung der Sitten kommen könnte.[12]

#2 Tiere können Leid empfinden: Pathozentrismus

Es war vor allem der Philosoph Jeremy Bentham (1748-1832), der in dieser Frage einen Paradigmenwechsel bewirkte. Bentham hielt mit Blick auf Kant fest: Der Irrtum bisheriger Ethik liegt in ihrer falschen Fragestellung. Die klassische Ethik – wie jene von Kant – spricht nur jenen Wesen moralische Bedeutung zu, die denken und sprechen können, sprich die Vernunft besitzen. Die entscheidende Frage würde aber nicht lauten, ob ein Wesen denken kann, sondern ob es *leiden* kann.

Das berühmte Zitat von Bentham hierzu lautet:

> „Der Tag mag kommen, an dem die übrigen Geschöpfe jene Rechte erlangen werden, die man ihnen nur mit tyrannischer Hand vorenthalten konnte. Die Franzosen haben bereits entdeckt, dass die Schwärze der Haut kein Grund dafür ist, jemanden schutzlos der Laune eines Peinigers auszuliefern. Es mag der Tag kommen, da man erkennt, dass die Zahl der Beine, der Haarwuchs oder das Ende des os sacrum gleichermaßen unzureichende Gründe sind, ein fühlendes Wesen demselben Schicksal zu überlassen. Was sonst ist es, das hier

---

[12] Stellen Sie sich vor, Sie sind nach einer gewaltigen Apokalypse der letzte Mensch auf Erden, sprich: Wenn Ihre Sitten verrohen, ist das auch schon egal, denn Sie treffen keine Mitmenschen mehr. Dürften Sie in dieser Situation also damit beginnen, Tiere zu quälen? Unsere Intuition wie auch ethische Gründe – siehe den weiteren Verlauf des Kapitels – widersprechen hier heftig.

die unüberwindliche Trennlinie ziehen sollte? Ist es die Fähigkeit zu denken, oder vielleicht die Fähigkeit zu sprechen? Aber ein ausgewachsenes Pferd oder ein Hund sind unvergleichlich vernünftigere und mitteilsamere Lebewesen als ein Kind, das erst einen Tag, eine Woche oder selbst einen Monat alt ist. Doch selbst vorausgesetzt, sie wären anders, was würde es ausmachen? Die Frage ist nicht: können sie denken? oder können sie sprechen?, sondern können sie leiden?" (Zitiert nach Singer 1994, 84)

Benthams Position wird Pathozentrismus genannt (von griech. ‚pathos' = Leid). Zahlreiche Tiere zeigen ein Verhalten, welches die Vermutung nahelegt, dass sie Schmerz empfinden können.[13]

Wer Leid erfahren kann, der wünscht sich einen leidensfreien Zustand. Aus ethischer Perspektive gibt es keinen triftigen Grund, warum man das „Interesse" eines Tiers an einem schmerzfreien Leben einfach ausblenden dürfte. Im Gegenteil: Dieses Interesse ist genauso zu berücksichtigen, wie wir es auch bei Menschen berücksichtigen.

Bentham hat damit theoretisch eingefangen, was unseren moralischen Intuitionen entspricht: Ein Tier wie ein bloßes Ding zu behandeln, widerspricht den Gefühlen zumindest der allermeisten Menschen. Wir spüren, dass wir es dem Tier selbst schulden, beispielsweise Grausamkeiten ihm gegenüber zu vermeiden. Mit dieser neuen Fragestellung Benthams war der moderne Tierschutz auf den Weg gebracht, der besagt: „Tiere sind

---

[13] Spitzfindig könnte man einwerfen: „Aber das wissen wir doch nicht mit letzter Klarheit!" Das mag – trotz aller wissenschaftlicher Befunde – stimmen, aber streng genommen wissen wir nicht einmal, ob andere Menschen wirklich Schmerz empfinden. Wir wissen es nur über uns selbst. Es genügt an dieser Stelle die Plausibilität: Es ist hochgradig plausibel, anzunehmen, dass Tiere (wie auch andere Menschen) wirklich Schmerz empfinden.

leidensfähige Kreaturen. Wer Leid empfinden kann, hat das Anrecht darauf, dass man ihm Leid erspart. Das gilt auch für Tiere."

#3 Leidensfreiheit genügt nicht für ein gutes Leben: Tierwohl

Wenn Sie gefragt werden, ob Sie ein gutes Leben haben, und Sie antworten auf diese Frage mit „Ich spüre keinen Schmerz", dann wird mancher einwerfen: „Ob das genügt, um ein gutes, gelingendes Leben zu führen?" Ähnlich argumentiert die sogenannte Tierwohl-Position mit Blick auf Tiere. Unter Tierwohl wird demnach mehr verstanden als „nur" Leidensfreiheit oder nur Tiergesundheit.

Dem „klassischen" Tierschutzgedanken folgend ist ein Tier – wie oben diskutiert – eine leidensfähige Kreatur und wir haben die moralische Pflicht, solchen Wesen Leid zu ersparen. Tierwohlkonzepte aber fragen: Genügt das? Leidensfreiheit ist sicherlich eine Art Vorbedingung für Wohlergehen – aber ein gutes Leben zeichnet sich durch wesentlich mehr aus. (Und auch „andersherum" argumentiert: Nur, weil man mal kurz leidet, bedeutet dies noch lange nicht, dass man *kein* gutes Leben führt.)

Das Konzept „Tierwohl" versucht demnach, über den „klassischen" (leidvermeidenden) Tierschutz hinauszugehen und näher zu beschreiben, was ein gutes Leben für das Tier, sprich tiergerechte(re) Haltung bedeutet.

Die „Fünf Freiheiten"

Ein berühmtes Beispiel, das mittlerweile fast historisch zu nennen ist, sind die sogenannten „Fünf Freiheiten", entwickelt vom *Farm Animal Welfare Council*. Ein Tier soll demnach…

1. frei sein von Hunger, Durst und Fehlernährung; es soll Zugang zu frischem Wasser und gesundem und gehaltvollem Futter haben;

2. frei sein von Unbehagen; es soll eine geeignete Unterbringung (z.B. einen Unterstand auf der Weide), adäquate Liegeflächen etc. haben;

3. frei sein von Schmerz, Verletzungen und Krankheiten; es soll durch vorbeugende Maßnahmen bzw. schnelle Diagnose und Behandlung versorgt werden;

4. frei sein von Angst und Stress;

5. schließlich die Freiheit zum weitgehenden Ausleben normaler Verhaltensmuster haben; z.B. durch ausreichendes Platzangebot, durch Gruppenhaltung, die „soziales Leben" ermöglicht, etc.

Tierwohl lässt sich nicht an Produktivität ablesen

Die „Fünf Freiheiten" zeigen exemplarisch, inwieweit „Tierwohl" mehr meint als „nur" Leidvermeidung, wie er im „klassischen" Tierschutz zentral ist. Dabei wird auch klar: Tierwohl und Produktivität eines Tiers müssen sich nicht widersprechen – Tierwohl lässt sich jedoch nicht an Produktivität ablesen. Das Argument „Meine Tiere fühlen sich wohl, sonst würden sie nicht diese immense Leistung bringen" stimmt nicht notwendigerweise; so kann ein Tier schier unglaubliche Leistungen bringen und doch beispielsweise keine Möglichkeit aufweisen, ein „soziales Leben" zu führen, das diese Beschreibung verdient. Tierwohl und Produktivität schließen sich demnach nicht aus, sind aber auch nicht deckungsgleich.

Es zeigt sich u.a., dass Wohlbefinden – und hierbei gerade auch psychisches Wohlbefinden – nicht zuletzt mit der Interaktionsmöglichkeit des Tiers und seinem Umfeld zusammenhängend verstanden wird. Gerade bei Tieren, denen hohe soziale und kognitive Fähigkeiten zugesprochen werden, ist es wahrscheinlich, dass auch „das Bedürfnis nach mentaler Betätigung und sozialer Interaktion zunimmt." (Benz-Schwarzburg 2012, 434) Diese

Bedürfnisse sind dann „als Kernbestandteile von Wohlbefinden" (ebd.) zu verstehen, und nicht etwa als „Luxusverhalten". (ebd.)

Lange lag der Fokus entsprechender Ansätze „auf der Abwesenheit von unangenehmen körperlichen und psychischen Zuständen". (Schmidt 2015, 423) Genau dies wird jedoch in aktuellen Konzepten rund um das Tierwohl als nicht ausreichend empfunden. Nun geht es verstärkt darum, auch „die positive Seite des tierlichen Wohlergehens – angenehme Empfindungen und Zustände, welche die Lebensqualität steigern – stärker in den Blick" (Schmidt 2015, 423) zu nehmen. Tierwohl-Konzepte fragen also nicht nur danach, wie ein Tier vor bestimmten Schmerzen oder Krankheiten geschützt werden kann, sondern auch: Was kann ich als Landwirtin tun, damit meine Tiere *positive* Empfindungen erleben?

Zielkonflikte

Zeigt man einem interessierten Bürger die Liste der genannten „Fünf Freiheiten", so wird er wahrscheinlich nicken und sich damit einverstanden zeigen: „Ja, so soll ein Tier gehalten werden." Dabei darf jedoch eines nicht übersehen werden: Die „Fünf Freiheiten" nennen Ziele – und wo Ziele festgehalten werden, dort kommt es in aller Regel zu so genannten Zielkonflikten.

Um dies exemplarisch zu illustrieren: Ein Wildtier – wie ein Feldhase – hat in der Tat die Freiheit zum Ausleben der angeborenen Verhaltensmuster, zugleich erlebt er durchaus Angst und Stress, etwa, wenn er auf einen Fuchs trifft. Auch wird er im Fall einer Verletzung nicht veterinärmedizinisch versorgt. Parallel gilt für Tiere in menschlicher Obhut: Hier kommt im Krankheitsfall zwar die Tierärztin, zugleich hat das Tier immer nur einen bestimmten Grad an Freiheit zum Ausleben des natürlichen

Verhaltensrepertoires. Das bedeutet: Auch, wenn wir darin übereinstimmen, dass diese Freiheiten plausible Ziele in der Tierhaltung darstellen, so braucht es immer noch Abwägungen zwischen diesen Zielen im Konfliktfall: Welches Bedürfnis ist uns wie wichtig?

#4: Tiere wollen leben – lasst sie daher am Leben: Tierrechte

Schließlich gibt es Stimmen, die argumentieren, dass Tiere einen derart hohen moralischen Rang einnehmen, dass jegliche Tierhaltung im Grunde falsch ist, mit Sicherheit aber ihre Tötung für die Nahrungsmittelproduktion: Wie man keinen Menschen halten und töten darf, verbietet sich das auch bei Tieren, so die Position, die meist als „Tierrechts"-Position betitelt wird.

Ein berühmter Vertreter war der amerikanische Philosoph Tom Regan (1938-2017). Für Regan sind Tiere „Subjekte ihres Lebens" – und genau darin erkennt er die zentrale und bedeutsame Parallele zwischen Menschen und Tieren. Er schreibt:

> „Jeder von uns ist das empfindende Subjekt eines Lebens (*experiencing subject of a life*), eine bewusste Kreatur mit einem individuellen Wohl, das für uns von Bedeutung ist, unabhängig davon, wie nützlich wir für andere sein mögen. Wir wollen und bevorzugen Dinge, glauben und fühlen Dinge, erinnern uns an und erwarten Dinge. Und all diese Dimensionen unseres Lebens – unsere Lust und unser Schmerz, unsere Freude und unser Leiden, unsere Befriedigung und unsere Frustration, unser Weiterleben oder unser frühzeitiger Tod – all das macht einen Unterschied für die Qualität unseres Lebens, wie wir es als Individuen erleben und erfahren." (Regan 1997, 42f.)

Tiere wie Menschen wollen ein gutes Leben führen. Sie wollen nicht nur am Leben bleiben, sie wollen auch Wohlergehen erfahren – dies, so Regan, ist moralisch anzuerkennen. Und zwar völlig unabhängig davon, ob nun ein

Mensch oder ein Tier diese Interessen aufweist. Wie ich nicht argumentieren kann „Es bringt mir persönlich einen großen Nutzen, wenn ich einen Menschen versklave", so kann ich aus Sicht Regans auch nicht argumentieren „Es bringt mir persönlich einen großen Nutzen, wenn ich ein Tier halte, um es später zu essen." Dieser Nutzen wiegt nicht schwer genug – die Interessen der Tiere sind wichtiger.

Tierwohl als eine „Käfigethik"?

Regan spricht Menschen wie auch Tieren daher unverletzliche Grundrechte zu, die – außer in absoluten Ausnahmen – nicht abgewogen und nicht eingeschränkt werden dürfen. Zu diesen Grundrechten gehört das Recht auf Leben.

All die Tierwohl-Bemühungen werden von dieser Position kritisch gesehen: Tierwohl-Konzepte lehnen die Nutzung und Haltung von Tieren nicht grundsätzlich ab, sondern arbeiten – oft pragmatisch orientiert – an einer Verbesserung der Haltung auf Basis moralphilosophischer Überlegungen sowie Erkenntnissen der Nutztierethologie, der modernen Kognitionsforschung, der Medizin etc. Der entsprechende Vorwurf an diese Bemühungen vonseiten der Tierrechts-Position wird dabei oft mit dem Schlagwort der „Käfigethik" zusammengefasst: Höheres Tierwohl zu fordern, so die Kritik, bedeute nichts anderes, als den Käfig, sprich den Stall, eben nicht abzuschaffen, sondern ihn bloß zu verschönern.

Warum behandeln wir Tiere unterschiedlich?

Die vier Positionen sind idealtypisch beschrieben, also eher grob geschnitzt. Und sie beantworten freilich keineswegs alle Fragen, die sich eröffnen. Drei sollen in aller Kürze genannt werden: (1) Wenn man die vier Positionen vor dem geistigen Auge Revue passieren lässt, kann man seine eigene Perspektive verorten. Gesellschaftlich gesehen allerdings fällt auf, dass wir Tiere hierbei höchst unterschiedlich behandeln. Manche betrachten wir quasi wie Familienmitglieder, die mit uns im Bett schlafen, gestreichelt werden und die nach ihrem Tod ein eigenes Grab bekommen, andere sind „bloß" Nummern und landen auf unserem Teller.

Nun kann darüber diskutiert werden, inwieweit ersteres eine unangebrachte Vermenschlichung darstellt, drängender allerdings ist die Frage nach der Begründung: Warum behandeln wir beispielsweise Schweine und Hunde so unterschiedlich? Rein biologisch ist dies kaum ableitbar, denn auch Schweine sind intelligent. Liegt es nur daran, dass Schweine vielen Menschen besser schmecken? Und ist dies als Begründung ausreichend? Bei derartigen Fragen kommt die „Alltagsmoral" vieler Menschen ins Stolpern.

Leidvermeidung – wirklich immer und überall?

(2) Erläutert man die Position des Pathozentrismus, erntet dieser in aller Regel breite Zustimmung. Tiere sind leidensfähige Wesen und daher müssen wir ihnen Leid ersparen – wer würde hier widersprechen? Und doch gibt es hierbei einen entscheidenden Aspekt, der noch nicht erwähnt wurde.

Wenn das Leid eines Tieres moralisch relevant ist, wie soll der Mensch dann mit dem Leid der Tiere in freier Wildbahn umgehen? Wie sieht es beispielsweise mit dem angesprochenen Feldhasen „in der Natur" aus? Dieser leidet durchaus in bestimmten Situationen, sei es durch Krankheit, Verletzung oder Fressfeinde.

Handelt der Fuchs, der den Hasen fressen will, unmoralisch? Hier ist die plausible Antwort: Nein. Der Fuchs ist amoralisch. Er ist zu keiner ethischen

Reflexion fähig, daher machen wir ihm auch keinen Vorwurf.[14] Wir als Menschen aber sind zu dieser Reflexion durchaus fähig. Müssen wir den Feldhasen daher vor Leid bewahren? Auch diese Frage würden die meisten Menschen eher verneinen.

Was zeigt sich an diesem Beispiel? Das pathozentrische Argument fokussiert auf Tiere, die in unserer *Obhut* sind. Für *diese* Tiere sind wir verantwortlich, wenn es um Schmerzen und Leiden geht – nicht für die Tiere in der Wildnis. Hier wird deutlich, wie wirkmächtig die Hintergrundfolie „Natur" in der Debatte ist: Wenn etwas „in der Natur" geschieht, weil es „der Natur" entspricht, hat dies aus Sicht vieler Menschen so etwas wie einen – nach Dieter Birnbacher (2006) – „moralischen Alltagsbonus". Dann scheint es moralisch in Ordnung zu sein.

Aber ist das auch plausibel? Oder bedeutet dies, dass es eben doch nicht wirklich um das Leid der Tiere geht? Warum sonst wird dieses Leid in einer Situation als „falsch", in ein anderen aber als „in Ordnung" angesehen? Mit Blick auf die Frage der *Haltungsbedingungen* erscheint das pathozentrische Argument hingegen tatsächlich einleuchtend: Die Leidensfähigkeit eines Wesens in unserem unmittelbaren Verantwortungsbereich *müssen* wir als moralisch relevant anerkennen.

---

[14] Dieses Argument taucht auch in der Debatte rund um den Fleischkonsum in der Haustierhaltung auf: Millionen Haustiere in unserem Land fressen täglich Fleisch. Ist dies zu kritisieren? Tierethisch kann hier – wie auch mit Blick auf den Fuchs – geantwortet werden: „Tiere haben keine Wahl. Sie sind instinktgesteuert. Wir aber können über unsere Ernährung nachdenken und diese bewusst anders gestalten." Ein weiteres Argument könnte lauten: „Haustiere fressen ja vor allem die Reste der Fleischproduktion." Und dennoch: Auch der Fleischkonsum von Millionen Tieren hat – wie der Konsum durch den Menschen – Konsequenzen, beispielsweise für das Klima (vgl. Kapitel 4).

Darf man Tiere nun essen?

(3) Die Antworten der verschiedenen Positionen zum Thema „Fleischkonsum" sind nur bedingt eindeutig. Position #1 erkennt im Essen von Fleisch kein moralisches Problem, für Position #4 ist es hingegen moralisch abzulehnen. Wie aber steht es bei #2 und #3 um dieses Thema?

Der Pathozentrismus wie auch der Tierwohl-Ansatz sagen nicht notwendigerweise, dass es moralisch falsch ist, Tiere zu halten, um sie zu essen. Wie wird hierbei zumeist argumentiert, um das Schlachten und Essen von Tieren moralisch zu rechtfertigen?

Zuallererst kann darauf hingewiesen werden, dass die Tiere, die geschlachtet werden, nur deswegen leben, weil sie für die Nahrungsmittelproduktion vorgesehen sind. Auch wenn aus der Tatsache, dass man jemanden „ins Leben geholt hat", nicht abgeleitet werden kann, dass man nun völlig über dieses Wesen verfügen darf (ansonsten dürften wir ja mit unseren Kindern machen, was wir wollen), ist dieses Argument nicht gänzlich von der Hand zu weisen: Die Milliarden Tiere in der Nutztierhaltung existieren in der Tat nur, weil sie der Nahrungsmittelgewinnung dienen. Nur aus diesem Grund haben sie überhaupt die Möglichkeit, positive Erfahrungen zu machen – ob dies dann auch tatsächlich der Fall ist, hängt freilich von der konkreten landwirtschaftlichen Realität ab.

Die Bedeutung des Selbstbewusstseins

Im Fokus der Positionen, die Schlachtung rechtfertigen, steht aber meist ein anderes Argument, und zwar eines, das auf die Bedeutung des Selbstbewusstseins hinweist.

Ein typisches Argument lautet hierbei etwa: „Tiere haben nur bedingt ein Selbstbewusstsein, also nur bedingt ein Bewusstsein von sich selbst als einem individuellen und lebendigen Geschöpf." Oder auch: „Tiere haben kein Zukunftsbewusstsein. Sie verfolgen keine Pläne, sie denken nicht an morgen, sondern gehen weitgehend in der Gegenwart auf." Wenn diese Aussagen stimmen, so ließe sich wie folgt weiter argumentieren: „Ich verhalte mich moralisch, indem ich einem Tier ein leidensfreies und tiergerechtes Leben ermögliche und die Schlachtung stressfrei und kurz gestalte. Da das Tier in der Gegenwart aufgeht und ihm nichts an der Zukunft liegt, es keinen Lebensplan verfolgt und nicht um sich selbst weiß, nehme ich ihm jedoch nichts, wenn ich es töte. Und eben hierin liegt u.a. ein wesentlicher Unterschied zur Tötung von Menschen."

Können Fleischesser an dieser Stelle also beruhigt aufatmen und sagen: „Alles gut. Fleischessen ist moralisch vollkommen in Ordnung"? Zu leicht sollte man es sich damit jedenfalls nicht machen, denn gesetzt, es stimmt, dass Tiere kein ausreichendes Selbst- und Zukunftsbewusstsein haben, sie also gar nicht wissen, was wir ihnen nehmen, wenn wir sie töten – so wissen es doch *wir* als Menschen, die dies tun. Beispielhaft: Töten wir ein Küken, das noch ein ganzes Leben vor sich gehabt hätte, nehmen wir ihm doch mehr, als wenn wir ein altes Huhn schlachten – oder etwa nicht? Das Küken selbst mag darum nicht wissen, wir aber schon.

Vielfalt tierethischer Fragen

Es zeigt sich die Komplexität der Debatte. Es existieren demnach verschiedene Überzeugungen und Argumentationen hinsichtlich der Frage nach dem moralischen Status von Tieren. Vehemente Positionen werden von einem totalen Tötungsverbot nicht abrücken und generell den Eigenwert tierischen

Lebens hervorheben. Gegenstimmen werden – etwa mit Berufung auf fehlende Subjektivität – das Schlachten von Tieren verteidigen.

Entscheidend ist allerdings, dass sich eine tierethische Reflexion nicht am Beispiel des „Fleischkonsums" erschöpfen darf. Relevante Fragestellungen sind vielfältig wie zahllos: Wie steht es um Tierversuche? Dürfen wir Katzen und Hunde kastrieren, oder ist dies ein zu großer Eingriff in ihr Wohlergehen? Sind Zoos ein Ort, an dem Tiere vor dem Aussterben gerettet werden und wir Menschen für Tierschutz sensibilisieren, oder sind Zoos ein Symbol der bloßen Verdinglichung von Tieren zu Vergnügungszwecken? Soll man Malaria-übertragende Mückenarten mit Hilfe von Gene Drive unfruchtbar machen, so dass binnen weniger Generationen die Mückenpopulationen aussterben? Wo beginnt Qualzucht? Etc.

Weiterführende Reflexionsfragen

1. Lesen Sie nochmals das zentrale Zitat von Tom Regan im vorangegangenen Kapitel. Was erwidern Sie dieser Position? Hat Regan Recht? Wenn ja, warum? Und was bedeutet es für die Landwirtschaft? Wenn nein, warum nicht?

2. Beschreiben Sie aus Ihrer persönlichen Perspektive das Verhältnis von Produktivität von Tieren und Tierwohl.

3. Diskutieren Sie das so genannte „Kükentöten": Wie beurteilen Sie diese Praxis moralisch und warum?

Philosophischer Literaturtipp

Grimm, Herwig; Wild, Markus: Tierethik zur Einführung. Junius Verlag.

6. Kapitel

Kontroversen verstehen.
Die Debatte um die Grüne Gentechnik

Ethik soll auch die Kompetenz fördern, gesellschaftliche Kontroversen besser zu verstehen. Im folgenden Kapitel wird hierfür die Debatte um die Grüne Gentechnik als Beispiel gewählt.[15]

Die Einen sehen in der Gentechnik bzw. in den Nachfolgetechniken rund um Genome Editing eine Schlüsseltechnologie des 21. Jahrhunderts; die Anderen gründen gentechnikfreie Regionen und organisieren Demonstrationen, um die Gefahren dieser Technologien abzuwehren. Gentechnisch veränderte Pflanzen können denn „Früchte des Zorns" genannt werden. Längst hat man sich daran gewöhnt, dass sie Anlass für eine der heftigeren Technikkontroversen sind; und doch vermag die Auseinandersetzung auf den zweiten Blick zu erstaunen: Warum ist der Streit so vehement, emotional und ohne Aussicht auf Kompromisse? Worüber wird hier eigentlich gestritten?

Der empirische Blick

Wer Kontroversen verstehen will, sollte sich im Besonderen an die Methoden der empirischen Sozialwissenschaften wenden. Zum Beispiel kann man eine Inhaltsanalyse gentechnikkritischer Broschüren durchführen, also sich empirisch ansehen, welche Argumente von Gegnern gegen Grüne Gentechnik

---

[15] Das Kapitel basiert auf: Dürnberger, Christian (2019): Natur als Widerspruch. Die Mensch-Natur-Beziehung in der Kontroverse um die Grüne Gentechnik. Reihe: TTN Studien – Schriften aus dem Institut Technik-Theologie-Naturwissenschaften, Bd. 8 Baden-Baden, Nomos.

tatsächlich vorgebracht werden. Die hierbei identifizierten Argumente sind in der Folge zu kategorisieren, ansonsten erhält man nur eine lange Liste von Einwänden, die kaum einen Erkenntnisgewinn liefert.

Um hierfür ein Beispiel zu bringen: In der Informationsbroschüre „Gentechnik – Manipuliertes Leben", herausgegeben vom Umweltinstitut München e.V. im Jahr 2010, wird u.a. folgendes Argument gegen den Einsatz von Gentechnik vorgebracht:

> „Bt-Pflanzen stellen ein erhebliches Risiko für die Umwelt dar. Denn das Gift wirkt nicht nur auf Schädlinge, sondern auch auf Nutzinsekten. In Studien wurden negative Auswirkungen auf verschiedene Schmetterlingsarten, Regenwürmer und zahlreiche weitere Insekten festgestellt."

Dieses Argument kann der Kategorie „Risiken" zugeordnet werden, betont es doch die Gefahren der Gentechnik für so genannte Nicht-Zielorganismen. Derart kann man zahlreiche Informationsbroschüren analysieren und auf diesem Wege versuchen, ein besseres Verständnis der Gentechnikkontroverse allgemein zu gewinnen.

Und genau dies wurde in der Studie „Natur als Widerspruch" versucht, deren Ergebnisse im Folgenden bloß auszugsweise dargestellt werden (vgl. Dürnberger 2019a). Wichtig für das Verständnis: Diese Studie versuchte die Einwände gegen die Grüne Gentechnik zu strukturieren. Es ging *nicht* darum, diese Einwände auf ihre wissenschaftliche Gültigkeit hin zu überprüfen.

Drei Argumentationsfelder

In der Analyse zeigten sich drei Argumentationsfelder. (1) Ein Teil der Kritik fokussiert auf „Risiken (für Mensch und Umwelt)". Beispielhaft wird in den Broschüren geschrieben:

- „Gentechnik gefährdet die Artenvielfalt. Der Anbau herbizidresistenter Pflanzen dezimiert die Vielfalt der Wildpflanzen auf und neben den Äckern und bedroht damit die Vielfalt der Insekten und der von ihnen lebenden Vögel und anderen Tiere." (Broschüre des „Bund Naturschutz in Bayern e.V." 2006)

- „In Tierversuchen treten Lungenkrankheiten, Krebs, Blutveränderungen, Schwächung des Immunsystems, Unfruchtbarkeit und Missgeburten auf." (Broschüre des „Bündnis gentechnikfreier Landkreis Roth + Schwabach" 2009)

(2) Ein anderer Teil der Gentechnikkritik fokussiert auf „Soziale Aspekte", also auf Fragen, wie sich der Einsatz von Gentechnik sozial auswirkt, aber auch, welche sozialen Rahmenbedingungen dazu führen, dass diese Technik implementiert wird. Beispielhaft:

- „Agro-Gentechnik als neue Leibeigenschaft für die Landwirtschaft." (Broschüre des „Bund Naturschutz in Bayern e.V." 2006)

- „Tatsächlich zerstört die Gentechnik die kleinbäuerliche Landwirtschaft in der 3. Welt." (Broschüre des „Bündnis gentechnikfreier Landkreis Roth + Schwabach" 2009)

- „Die Europäische Behörde für Lebensmittelsicherheit (EFSA) verkommt zum Lobbyistenhandlanger." (Broschüre des „Bündnis gentechnikfreier Landkreis Roth + Schwabach" 2009)

Die Broschüren diskutieren demnach nicht nur konkrete Risiken, sondern ebenso soziale Folgen einer Einführung der Grünen Gentechnik wie auch grundsätzliche soziale Rahmenbedingungen der gesamten Debatte, beispielsweise: Wie werden relevante politische Entscheidungen getroffen?

(3) Schließlich lässt sich ein drittes Argumentationsfeld identifizieren, das grundsätzliche „Fragen der Mensch-Natur-Beziehung" thematisiert. Beispiele für diese Art der Argumente sind die folgenden:

> - „Wir sollten uns der Schöpfungsordnung unterwerfen und keine Unordnung machen." (Broschüre des „Bund Naturschutz in Bayern e.V." 2006)

> - „Sie [die BürgerInnen; C.D.] sind der Überzeugung, dass der Mensch nicht in dieser Art und Weise in den Bauplan des Lebens eingreifen darf. In genmanipulierten Pflanzen ist das genetische Material in einer Art und Weise verändert, wie es unter natürlichen Bedingungen nicht möglich wäre." (Broschüre des „Bündnis Bayern für gentechnikfreie Natur und Landwirtschaft", ohne Jahresangabe)

Dieses Argumentationsfeld thematisiert also die Sichtweise auf „Natur": Was dürfen wir mit Natur machen? Inwieweit sind uns hier Grenzen gesetzt? Was als natürlich gilt, wird dabei oftmals als „gut" verstanden; Gentechnik hingegen gilt vielen als „unnatürlich" und damit als verdächtig.

Es geht um mehr als „nur" um konkrete Risiken

Im Rahmen der oben zitierten Studie wurden die drei Argumentationsfelder noch präziser bestimmt. Im Vorliegenden aber soll diese grobe Dreiteilung für ein Zwischenfazit bereits genügen. Was zeigt die Analyse?

Der oftmals in den Medien so prominent behandelte Risikodiskurs stellt nur *einen* Bereich der Debatte dar. Neben den unmittelbaren Fragen nach den Auswirkungen von gentechnisch veränderten Organismen auf die menschliche Gesundheit und die Umwelt werden innerhalb der Kontroverse nämlich ebenso Fragen rund um soziale Aspekte einer Implementierung der Technik wie auch grundsätzliche Fragen zur Mensch-Natur-Beziehung diskutiert.

Ein präziser Blick auf die Argumente erlaubt also die Identifikation von über Risiken hinausgehenden Fragen, die in der Kontroverse um die Gentechnik eine Rolle spielen. Es lässt sich hier von „Subkonflikten" sprechen, von Konflikten, die nicht notwendigerweise mit der Technik verquickt sind, die aber unter dem „Dach" der Gentechnikkontroverse mitverhandelt werden. Zu nennen sind hier beispielsweise die drei folgenden.

Umgang mit Nichtwissen

Wir werden nie alles über eine Technik und ihre Folgen wissen, eine gewisse Unsicherheit und damit Restrisiken bleiben stets bestehen und können nie zu 100% ausgeschlossen werden. Wie gehen wir mit diesem Nichtwissen um?

Eine populär gewordene Antwort lieferte der Philosoph Hans Jonas (1903-1993). Sein Konzept der „Heuristik der Furcht" (vgl. Jonas 1984, 70ff.) rät (hier in eigenen Worten wiedergegeben): „Wenn Du Dir über die Konsequenzen einer Technik nicht sicher bist, gehe von den schlechtest möglichen Folgen aus – wenn Du diese nicht verantworten kannst, dann verzichte lieber auf einen Technikeinsatz."

Der Kern dieses Konzeptes lässt sich im *Vorsorgeprinzip* wiedererkennen: Im Zweifel lieber vorsichtig sein. Derartige Prinzipien mögen zum Nachdenken anregen und Kriterien zum Umgang mit Nichtwissen und Restrisiko anbieten, letzte Klarheit schaffen jedoch auch sie nicht, denn: Was sind plausibel die *worst-case*-Folgen, die anzunehmen sind? Und darüber hinaus: Wie viele Techniken, die wir heute wie selbstverständlich in unserem Alltag verwenden

und die unser Leben bereichern, hätten wir verbieten müssen, wären wir Jonas'
Rat gefolgt? Wahrscheinlich nicht wenige.

Die Gentechnikdebatte kann als eine Kontroverse verstanden werden, in der
diese grundsätzliche Frage des adäquaten Umgangs mit Nichtwissen virulent
und stets mitverhandelt wird.

Vertrauen vs. Misstrauen

Die gentechnikkritischen Broschüren artikulieren erhebliches Misstrauen
gegenüber den relevanten Akteuren, präziser gegenüber den politischen
Entscheidungsträgern, der Wirtschaft und der Wissenschaft.

Der Politik wird beispielsweise vorgeworfen, sich gegen die Einflüsse der
Konzerne nicht wehren zu können – oder sich nicht wehren zu wollen. Die
Politik steht demnach im Verdacht die Interessen der Großunternehmen zu
begünstigen, und diesen ginge es nur um die Maximierung des eigenen Profits,
so die Kritik.

Ähnlich lässt sich das Misstrauen gegenüber den beteiligten
Wissenschaftlerinnen beschreiben: Auch hier sehen die Gentechnikkritiker
eine zu enge Verwebung mit der Industrie. Studien, die von positiven
Auswirkungen der Grünen Gentechnik berichten, werden daher verdächtigt:
Ist die Wissenschaft, so wird gefragt, wirklich noch frei, oder in Wahrheit nicht
längst abhängig von den Fördergeldern der Wirtschaft?

Vertrauen muss bei alldem als ein Schlüsselphänomen einer jeden modernen
Gesellschaft verstanden werden: Je fortgeschrittener der Wissensstand, die
damit einhergehende Spezialisierung wie die Ausdifferenzierung der
Gesellschaft, desto schwerer fällt es dem einzelnen Bürger, technische
Verfahren und ihre Konsequenzen selbstständig zu beurteilen. Ganz zu

schweigen davon, dass wir über die Regulierung nicht alleine entscheiden und sie nicht selbst kontrollieren können. In anderen Worten: In einer modernen Gesellschaft zu leben, bedeutet, vertrauen zu *müssen*; und zwar in tausenden Situationen jeden Tag. Wir kaufen Produkte und vertrauen in ihre Hygienestandards. Wir besteigen ein Flugzeug und vertrauen in die Wartungsarbeiten und die Kompetenzen der Pilotin. Wir werden operiert und vertrauen in die Erkenntnisse der Medizin sowie darauf, dass der Arzt weiß, was er tut.

Gerade in Auseinandersetzungen über potentielle Risiken einer Technik ist es essentiell, inwieweit Vertrauen in die verantwortlichen Akteure vorhanden ist. Slovic, ein Gründungsvater der Forschung zur Risikowahrnehmung, bringt dies auf die eindringliche Formel: „Wenn dem verantwortlichen Akteur vertraut wird, ist die Kommunikation relativ einfach. Wenn dieses Vertrauen fehlt, werden keine Form und kein Prozess der Kommunikation zufriedenstellend verlaufen." (Slovic 1993, 677; eigene Übersetzung) Man könnte Slovic für die Debatte um die Grüne Gentechnik frei und polemisch übersetzen: All die Mühe, Informationsflyer zu drucken, die in bunten Farben und mit verständlichem Text (in welche „Richtung" auch immer) über biotechnologische Verfahren aufklären wollen, ist vergeblich, wenn der Adressat dem Herausgeber dieser Broschüren nicht *vertraut*.

Im Anschluss an Slovic betont eine Vielzahl von Studien die Bedeutung von Vertrauen in die verantwortlichen Akteure, und zwar gerade mit Blick auf die Wahrnehmung von Technologien bzw. die Akzeptanz von Risiken (vgl. Siegrist 2001, 45f.; Hampel 2012, 143). Siegrist hält hierzu exemplarisch fest: „Personen, welche Vertrauen in die involvierten Institutionen haben, nehmen einen größeren Nutzen und weniger Risiken wahr als Personen, die wenig

Vertrauen haben." (Siegrist 2001, 45f.) Wann vertrauen nun Menschen bestimmten Akteuren bzw. Produkten? Was braucht es hierfür? Diese Frage wird in Kapitel 11 behandelt.

Zusammenfassend muss die Gentechnikkontroverse als Debatte begriffen werden, in der sich exemplarisch Misstrauen zeigt, das sowohl Wissenschaften wie auch politische Institutionen und demokratische Strukturen betrifft.

Regulierung des Marktes

Die Kontroverse um die Gentechnik berührt schließlich auch das Verhältnis von Politik und Wirtschaft und damit die Frage nach einer adäquaten Regulierung der Märkte. Im Gentechnikprotest artikuliert sich ein grundsätzliches Unbehagen gegenüber Tendenzen und Auswirkungen, die einer „turbokapitalistischen" Wirtschaftsordnung zugesprochen werden. Die Rede ist etwa von Einflussnahme durch Unternehmen auf politische Prozesse, Marktkonzentrationen bis hin zu Monopolbildungen, starken Abhängigkeitsverhältnissen bis zur wesentlichen Beschneidung persönlicher Autonomie.

In der Rhetorik des Protestes wird Gentechnik dabei als Sinnbild für eine Wirtschaftsweise thematisiert, in der alles dem Profitstreben und der Gewinnmaximierung untergeordnet ist. In kurzen Worten: Gentechnik wird „als Symbol ungezügelten und profitorientierten Gestaltens auf Kosten von Natur und Gesellschaft gesehen." (Busch et al. 2002, 13)

Interessen, Wissen, Werte

In der Tradition des Soziologen Max Weber (1864-1920) wird zwischen drei Konflikttypen unterschieden, nämlich zwischen Interessen-, Wissens- und Wertekonflikten.

(1) Ein Konflikt kann im Aufeinandertreffen unterschiedlicher Interessen bestehen. Derartige Interessenkonflikte basieren auf einer Knappheit von Gütern, die von unterschiedlichen Parteien gleichermaßen geschätzt werden (vgl. Aubert 1973, 180ff.). Als Leitfrage dieser Konflikte nennen Bogner und Menz: „Wie wird der Kuchen verteilt, und was bekomme ich davon?" (Bogner und Menz 2010, 336) Derartige Interessengegensätze werden in der Regel „in Prozessen des Aushandelns" (Willems 2016, 11) bearbeitet. Als Mechanismus der Zivilisierung dieser Konflikte wird ein *Kompromiss* angestrebt, bei dem alle Parteien auf einen Teil der anfangs geltend gemachten Ansprüche verzichten (vgl. Aubert 1973, 181).

Ist die Gentechnikkontroverse ein Interessenkonflikt? Der Angestellte eines Gentechniklabors beurteilt die Technik wahrscheinlich positiver als der „Biobauer", der fürchten muss, sein Getreide nicht verkaufen zu können, sollten seine Felder „verunreinigt" werden. Gerade mit Blick auf eine Debatte wie jene um die Grüne Gentechnik stößt das Interessensmodell jedoch auch an seine Grenzen: Nur ein geringer Teil der Bevölkerung hat unmittelbare Interessen hinsichtlich der Gentechnik. Obwohl die Allermeisten (wegen mangelnder wissenschaftlich dokumentierter Schadensmeldungen) bloß „eher diffus betroffen" (Peters 2008, 132) sind, findet die Debatte jedoch keineswegs in einer gesellschaftlichen Nische statt. Wenngleich unterschiedliche Interessen in der Debatte eine Rolle spielen, reicht die Beschreibung als Interessenkonflikt demnach nicht aus.

(2) Ein Konflikt kann sich darum drehen, welche Position denn nun eigentlich – naiv formuliert – „die Wahrheit" innehat. Wer liegt mit seiner Beschreibung, seiner Prognose, seiner Diagnose richtig? Man spricht hierbei von einem Wissenskonflikt.

Der *Umgang* mit Wissenskonflikten liegt in der *Förderung von Wissenschaft*. Wenn nicht klar ist, wer empirisch gesehen „Recht hat", dann braucht es mehr wissenschaftlich fundierte Erkenntnisse. Zugleich kann festgehalten werden: Absolute Sicherheit kann auch Wissenschaft nicht liefern. Restrisiken bleiben immer bestehen. Die Frage ist demnach nicht: „Wann wissen wir über eine Technik alles?", sondern: „Wann wissen wir über eine Technik genug, um plausibel eine gute Entscheidung über ihren Einsatz zu treffen?"

Die oben zitierte Studie zeigte, dass Wissenskonflikte durchaus Raum innerhalb der Gentechnikdebatte einnehmen, so trifft hinsichtlich der Einschätzung der Risiken von gentechnisch veränderten Organismen Studie auf Gegenstudie; und doch zeigte die Analyse ebenso, dass sich die Debatte nicht in einem Wissenskonflikt erschöpft.

(3) Gerade in den vergangenen Jahrzehnten wurde die These stark gemacht, dass sich hinter Interessen- bzw. Wissenskonflikten *Wertekonflikte* verbergen. Diese zeichnen sich aus durch Fragen wie: „Was dürfen und sollen wir tun?" oder: „In welcher Welt wollen wir leben?"

Das Problem bei Wertekonflikten ist hierbei: Wo über Moral gestritten wird, glauben sich „die opponierenden Akteure aus ihrer Sicht uneingeschränkt im Recht" (Korff und Bammerlin 1998, 421), wodurch Kompromisse nur schwer gelingen. Wertekonflikte eskalieren daher deutlich häufiger als etwa Interessengegensätze. Die Suche nach Kompromissen, welche bei der Verhandlung gegenteiliger Interessen noch als Mechanismus weitgehend akzeptiert ist, wird in diesem Kontext oft „als illegitimer ‚(Kuh)Handel' um moralische Prinzipien betrachtet". (Willems 2016, 12) Wie ist ein adäquater Umgang mit dieser Problematik? Üblicherweise wird an dieser Stelle eine transparente, rationale Debatte gefordert, um eine entsprechende Güterabwägung (vgl. hierzu Kapitel 9) vorzunehmen.

Ebenso wichtig aber ist, dass man die Debatte adäquat strukturiert: Welcher Teil der Kontroverse kann als Interessenkonflikt bezeichnet werden? Wo liegt ein Wissenskonflikt vor? Und in welchem Bereich prallen schließlich unterschiedliche Werte aufeinander?

Der Konflikt als Wertekonflikt?

Es ist gewissermaßen Usus geworden, Kontroversen, die sich einer Konsensfindung widersetzen und über einen längeren Zeitraum mit Intensität und Emotionalität ausgefochten werden, als *Wertekonflikt* zu beschreiben. Auch die Gentechnikkontroverse wird daher oftmals pauschal als „Wertekonflikt" beschrieben. Diese Diagnose ist aber kritisch zu betrachten, denn:

Hinsichtlich der allgemeinen Zielvorstellungen von moderner Pflanzenforschung besteht durchaus weitgehender Konsens. Die gezüchteten Pflanzen sollen keinen gesundheitlichen Schaden anrichten, wenn möglich sogar die Gesundheit fördern (ein Beispiel ist der so genannte „Golden Rice", der durch Vitaminanreicherung ein Instrument gegen Mangelernährung sein könnte), die Ernteerträge gerade von Kleinbauern sollen im Kampf gegen den Welthunger gesteigert werden, die Landwirtschaft soll ökologische Belange wie den Erhalt der Biodiversität verstärkt berücksichtigen etc.

Der Konflikt bei all diesen Fragen liegt weniger auf der Ebene der Werte denn auf der Ebene der Beschreibung. Hier greift der Befund von Bleisch und Huppenbauer, nach dem zahlreiche Auseinandersetzungen, die ethisch konnotiert sind, maßgeblich auf „unterschiedliche empirische Einschätzungen" (Bleisch und Huppenbauer 2011, 20) zurückgehen. In anderen Worten und um ein Beispiel zu geben: Gestritten wird weniger darüber, inwieweit der Wert der Biodiversität zu berücksichtigen ist; darüber herrscht zwischen Befürworterin und Kritikerin Konsens. Gestritten wird vielmehr darüber, welche konkreten Auswirkungen der Einsatz von gentechnisch veränderten Kulturpflanzen auf die Biodiversität tatsächlich hat bzw. langfristig haben wird.

Hilfreiches Werkzeug – oder Symptombehandlung?

Grundsätzlich kann als These gefasst werden: Befürworter sehen in den neuen Verfahren potentielle Werkzeuge, um einen Beitrag dazu zu leisten, die genannten Ziele (wie Ertragssicherheit oder umweltschonendere Landwirtschaft) effizienter erreichen zu können. Kritiker sehen in denselben Technologien hingegen den Ausdruck einer „Symptombehandlung" einer bestimmten Form der Landwirtschaft, die sie als Sackgasse empfinden; sie stellen daher die Grundsatzfrage nach einer völlig anderen Art der Nahrungsmittelproduktion. Ob ein bestimmtes „Züchtungswerkzeug" dabei helfen kann, ein bestimmtes Ziel zu erreichen, wird damit sekundär.

Die Gentechnikdebatte weist demnach alle drei Dimensionen auf: Im Argumentationsfeld „Risiken" ist die Auseinandersetzung beispielsweise vor allem als Wissenskonflikt beschreibbar. Hier besteht über die zentralen Werte durchaus Konsens, nicht aber über die empirische Datenlage. Im Argumentationsfeld „Fragen der Mensch-Natur-Beziehung" hingegen zeigen sich zwischen Gegnern und Befürwortern durchaus divergierende moralische Überzeugungen. Exemplarisch: Während die Kritikerinnen die Einführung eines artfremden Gens aus moralischen Gründen ablehnen, sehen Befürworterinnen hier keine grundsätzliche moralische Barriere.

Derartige Differenzierungen sind notwendig, um die Debatte adäquat zu verstehen wie auch konstruktiv zu moderieren, denn gerade der Hinweis auf *geteilte* ethische Prämissen kann befriedend wirken.

Weiterführende Reflexionsfrage

Denken Sie an eine Kontroverse rund um Ihren Beruf. Inwieweit handelt es sich hierbei um einen Konflikt von Interessen, Wissen und Werten? Versuchen Sie sich in einer Analyse.

Philosophischer Literaturtipp

Dürnberger, Christian: Natur als Widerspruch. Die Mensch-Natur-Beziehung in der Kontroverse um die Grüne Gentechnik. Nomos.

---

7. Kapitel

Besser argumentieren?

In hitzigen Debatten werden oftmals – ob gewollt oder ungewollt – Argumentationsfehler begangen. Dies gilt nicht nur für unmittelbare Streitgespräche, sondern auch mit Blick auf Diskussionen im Internet. Im Folgenden werden klassische fehlerhafte Argumente aufgelistet. Das Kapitel fokussiert also nicht auf ein besseres Argumentieren im Sinne von „Wie wirke ich überzeugend?" oder „Wie verkaufe ich meine Geschichte am besten?" Derartige Fragen sollen PR- und Marketingexpertinnen sowie Kommunikationstrainer beantworten. Im Fokus des Kapitels stehen vielmehr *inhaltliche* Argumentationsfehler.[16]

Ethik und Rhetorik – ein Widerspruch?

Ethik und Rhetorik – das klingt für viele zuerst einmal nach einem Widerspruch. Ohne Zweifel greifen ethische Auseinandersetzungen notwendigerweise auf Wort und Argument zurück, um in einer moralischen Debatte zu überzeugen. Zugleich sperrt sich die Gegenüberstellung dieser Begriffe: Der Ethik geht es um das „Richtige", das „Unbedingte"; Rhetorik hingegen erinnert viele an „Manipulation" und „sprachliche Tricks". Ein

---

[16] Die Basis des vorliegenden Kapitels wurde im Rahmen des Bayerischen Forschungsverbundes ForPlanta (Hochschule für Philosophie) entwickelt. Als zentrale Ausgangspunkte und Möglichkeiten der vertiefenden Lektüre sei zu Beginn auf zwei Quellen verwiesen: Bleisch und Huppenbauer widmen in ihrem Buch „Ethische Entscheidungsfindung. Ein Handbuch für die Praxis" (Zürich, 2011) fehlerhaften Argumentationsfiguren in moralisch relevanten Debatten ein lesenswertes Kapitel. Im Web kann der ratioblog.de als zentrale Anlaufstelle und Sammelpunkt von rhetorischen Figuren genannt werden.

rhetorisch Begabter kann in eleganter Wortwahl und mit starken Metaphern jene in Grund und Boden reden, die aus moralischer Sicht vielleicht im Recht wäre.

Wer gegenwärtig „Rhetorik" *nicht* als Schmähbegriff verwendet, der steht in der Regel in loser Tradition von Aristoteles: Dieser unterscheidet zwischen „Überredung" und „Überzeugung": Wer bloß überredet, der setzt *alle* Mittel ein und zielt vor allem auf die Emotionen des Publikums ab. Wer hingegen wahrhaft überzeugt, der wendet zwar den einen oder anderen rhetorischen Kniff an, im Zentrum seiner Darlegung steht aber eine *überzeugende Argumentation* (vgl. Aristoteles, Rhetorik I 1).

Was ist ein gutes Argument?

Ein gutes Argument zu bestimmen ist schwierig. Wir meinen damit in der Regel mehr als nur eine Aussage über die formallogische Korrektheit.[17] Ein gutes Argument sollte relevant für den Kontext sein und auf empirisch belastbaren Daten basieren; vielleicht bringt es einen starken, bildhaften Vergleich, den man nicht mehr aus dem Kopf bekommt, oder spitzt mit Humor einen komplexen Sachverhalt zu. Darüber hinaus greift ein gutes Argument im Idealfall auf – auch von der Gegenseite – geteilte Prämissen zurück, so dass es dieser schwerfällt, völlig zu widersprechen.

Aber Beschreibungen wie diese bleiben weitgehend eine Art Trockenübung. Anschaulicher ist es, idealtypische Verdichtungen von *fehlerhaften* Argumentationsfiguren zu diskutieren. Die folgenden Beispiele können dabei

---

[17] In der Logik ist ein Argument dann schlüssig, wenn es gültig ist und alle seine Prämissen wahr sind. Die Konklusion ist aus den Prämissen ableitbar. Beispiel:
Prämisse 1 = Alle Landwirte sind Menschen.
Prämisse 2 = Alle Menschen müssen essen.
Konklusion = Alle Landwirte müssen essen.

in einem bestimmten Kontext durchaus gewinnbringende Aspekte in eine Diskussion einbringen, als alleinstehende Argumente jedoch sind sie kritisch zu sehen.

Der Leser, die Leserin kann im Folgenden den Versuch unternehmen, nach den beispielhaften Statements kurz innezuhalten und zu reflektieren: Wo liegt der Fehler in der Argumentation? Die Beispiele sind derart zugespitzt, dass in der Regel sofort ersichtlich ist, *dass* es sich um ein schwaches Argument handelt. Wie aber lässt sich diese Schwäche *präzise* beschreiben?

#1 Argumentum ad hominem

> *Beispiel 1 (B1): Dass der Genetiker John Hurley für Gentechnik ist, ist klar. Der hat Interesse daran, Forschungsgelder zu bekommen. Seine Studienergebnisse sind daher irrelevant.*

> *Beispiel 2 (B2): Die NGO, die nun heftig gegen Gentechnik wettert, lag auch schon bei früheren Einschätzungen falsch. Außerdem verdienen die mit Protest ihr Geld.*

Bei der Argumentationsfigur „Ad hominem", also „auf den Menschen gerichtet", wird nicht der Standpunkt zum Thema, sondern die Person, die diesen Standpunkt vertritt. In beiden Beispielen wird auf Akteure fokussiert, die Argumente vorbringen – nicht jedoch auf deren Argumente selbst.

Das hierbei häufig zu vernehmende „Interessens-Argument" ist insofern zu problematisieren, da in der Regel *alle* Beteiligten an einer Diskussion Interessen aufweisen und das Aufweisen von Interessen noch keinen ethischen Skandal per se bedeutet. Das Sichtbarmachen von impliziten Interessen kann einen Gewinn an höherer Transparenz bedeuten, die etwaige daran anknüpfende Kritik an Akteuren darf jedoch nicht mit Kritik an deren Argumentationen verwechselt werden.

Konkret: Nur, weil der angesprochene Genetiker wohl in der Tat Interesse daran hat, Forschungsgelder zu lukrieren, sind seine Studienergebnisse noch lang nicht irrelevant. Studienergebnisse sind anhand wissenschaftlicher Kriterien zu überprüfen – nicht personenbezogen.

#2 Argumentum ad verecundiam

B1: Der Einsatz der Bioenergie ist ethisch geboten. Das hat der Philosoph und Agrarwissenschaftler Dennis Johnson klar gemacht.

B2: Bioenergie wird auch von der Kirche abgelehnt. Daher ist diese Form der Energiegewinnung kritisch zu sehen.

Das Gegenteil der erstgenannten Argumentationsfigur, dabei jedoch ebenso fehlerhaft, ist das Argument „Ad verecundiam", also das Argument „aus Ehrfurcht". Hier wird der eigene Standpunkt durch die Berufung auf eine Autorität bewiesen bzw. erhärtet.

Es ist an zahllosen Stellen in Debatten ohne Zweifel sinnvoll wie notwendig, sich auf Argumente, Studien und Ergebnisse von Expertinnen und Experten zu berufen – der Hinweis auf eine Autorität *allein* ist jedoch keine Garantie für die Richtigkeit einer Position und stellt damit auch nur bedingt ein triftiges Argument dar. Autoritäten können irren.

#3 Sein-Sollen-Fehlschluss

B1: In allen Kulturen hat der Mensch Fleisch gegessen. Deswegen ist Essen von Fleisch völlig in Ordnung.

B2: Die Gentechnik stellt einen unnatürlichen Eingriff dar und ist daher abzulehnen.

Der Sein-Sollen-Fehlschluss gehört zu den meist diskutierten Argumentationsfiguren der Philosophiegeschichte. Im Folgenden soll eine sehr, sehr simple Form dieser rhetorischen Figur dargelegt werden, die im Wesentlichen besagt: Eine ethische Forderung, wie etwas sein soll, lässt sich nicht allein aus deskriptiven Beschreibungen gewinnen, wie etwas ist.

In beiden Beispielen wird aus einer Beschreibung (wie etwas ist) eine unmittelbare Norm (wie etwas sein soll) abgeleitet: Im ersten Fall dient die Geschichte, im zweiten Fall die Natur als Ausgangspunkt der Deskription. Kritische Gegenstatements hätten mindestens auf Folgendes hinzuweisen: Nur, weil etwas immer schon so gemacht wurde, ist daraus nicht ableitbar, dass man es weiterhin machen *soll*, also, dass es auch moralisch richtig ist.

Mit Blick auf das zweite Beispiel zeigt sich die oft zu diagnostizierende Gleichsetzung von „natürlich" und „gut". Nicht zuletzt der Philosoph John Stuart Mill (1806-1873) hat aber zu Recht darauf hingewiesen, dass „die Natur" oder „das Natürliche" in ihrer Widersprüchlichkeit nicht als moralisches Vorbild taugt:

> „Wenn das Künstliche nicht besser ist als das Natürliche, wozu denn alle Künste des Lebens? Graben, Pflügen, Bauen, Kleidertragen – alles sind direkte Übertretungen des Gebots, der Natur zu folgen." (Mill 1984, 23).

> „Fast alles, wofür die Menschen, wenn sie es sich gegenseitig antun, gehängt oder ins Gefängnis geworfen werden, tut die Natur so gut wie alle Tage". (Mill 1984, 30)

Viele „natürliche" Prozesse gelten, wenn es ein Mensch macht, aus guten Gründen demnach als schweres Verbrechen. Darüber hinaus sei ergänzt: Die vorgebrachten Beschreibungen, die als Ausgangspunkt für die Norm gelten, sind oftmals höchst strittig.

#4 Das „Strohmann-Argument"

B1: Die Gegner von Glyphosat sagen, wir sollen nicht in die Natur eingreifen. Dabei können wir ohne Eingriffe in die Natur nicht überleben.

B2: Die Befürworter von Pflanzenschutzmitteln versprechen uns, dass sie das Problem des Welthungers lösen. Eine Technik aber wird ein so komplexes Problem wie den Welthunger niemals in den Griff bekommen.

Beim so genannten „Strohmann-Argument" stellt man die Gegenposition verzerrt und überzeichnet dar, um den eigenen Standpunkt im besseren Licht erscheinen zu lassen. In beiden Exempeln wird die Position der Gegenseite karikiert, um die eigene Argumentationsweise als die klügere darzustellen. Soll heißen: Keine Glyphosat-Kritikerin argumentiert wahrscheinlich wirklich mit der Forderung, dass der Mensch überhaupt nicht in die Natur eingreifen soll. Und kein Befürworter von Pflanzenschutzmitteln behauptet wahrscheinlich, dass man anhand einer einzelnen Technik tatsächlich den Hunger aus der Welt schaffen könnte. Die beiden Beispiele basteln sich vielmehr einen bloßen „Strohmann" als argumentativen Gegner, den sie dann genüsslich widerlegen können.

Die kritische Rückfrage hat hier also zu problematisieren, inwieweit die dargestellte Position tatsächlich von jemandem vertreten wird und inwieweit dies für eine adäquate Beurteilung der Technik bzw. der Frage überhaupt eine Rolle spielt. Stellt sich heraus, dass das „Strohmann-Argument" tatsächlich in der Debatte vorkommt, kann grundsätzlich gefragt werden, inwieweit es klug und angemessen ist, sich stets mit den *schwächsten* Argumenten der Gegenseite auseinanderzusetzen, oder ob es für eine echte Diskussion nicht sinnvoller ist, sich mit den reflektierten und klugen Kommentatoren der Gegenseite argumentativ zu messen.

#5 Das „Dammbruch-Argument" oder „Slippery Slope"

> B1: *Wenn wir die Düngeverordnung weiter verschärfen, wird es bald gar keine Landwirtschaft mehr in unserem Land geben.*

> B2: *Wenn wir die Grundlagenforschung zu Genome Editing in der Tierzucht fördern, werden über kurz oder lang nur noch genom-editierte Kreaturen in unseren Ställen stehen.*

Beim so genannten „Dammbruch-Argument" wird wie folgt argumentiert: Ein (relativ kleiner) erster Schritt wird zu einer Kettenreaktion an ähnlichen Ereignissen führen. Am Ende werden wir uns in einer moralisch nicht-akzeptablen Situation wiederfinden. Im Englischen wird dieses Argument „Slippery Slope" genannt, also „rutschiger Abhang". Das Bild soll den Kern der Argumentationsfigur kommunizieren, der besagt: Wenn wir nun diesen ersten Schritt auf den Abhang setzen, gibt es kein Halten mehr. Wir schlittern hinunter.

Die Argumentationsfigur des „Slippery Slope" bezieht seine rhetorische Kraft aus der Illustration einer düsteren Zukunft, die mit einer Entscheidung in der Gegenwart in Zusammenhang gebracht wird. Die kritischen Rückfragen lauten hierbei: Führt der erste Schritt tatsächlich notwendigerweise zur skizzierten Endsituation? Sind Regulierungen und politische Maßnahmen denkbar, um das „Hinunterrutschen" bzw. das „Brechen des Dammes" nicht Realität werden zu lassen?

Darüber hinaus muss bei manchen Argumenten gefragt werden: Ist die beschriebene Endsituation wirklich moralisch verwerflich und nicht wünschenswert?

#6 Das „Falsche Dilemma"

> *B1: Entweder wir intensivieren die Fleischproduktion massiv, oder es werden im Jahr 2050 zig Milliarden Menschen Hunger leiden.*
>
> *B2: Entweder wir sagen der Gentechnik vehement und in allen Bereichen ab, oder einzelne multinationale Konzerne werden unseren gesamten Nahrungsmittelmarkt kontrollieren.*

Bei der Argumentationsfigur des „Falschen Dilemmas" wird suggeriert, es gäbe nur eine limitierte Anzahl an möglichen Handlungsoptionen. In beiden Beispielen werden nur zwei Möglichkeiten präsentiert; die Entscheidung wird also zu einem schlichten „Entweder – oder" pauschalisiert. (Insofern sich die Argumentationsfigur in der Regel auf zukünftige Prozesse richtet, ist sie oftmals mit Dammbruch-Argumentationsweisen verbunden.) Bei derartigen „Falschen Dilemmata" bedarf es stets der kritischen Rückfrage nach weiteren Handlungsoptionen bzw. nach Szenarien, die Graustufen jenseits der bloßen „Ja oder Nein?"-Fragestellung zulassen.

#7 Argumentum ad populum

> *B1: Ich verstehe die Aufregung um den Einsatz von Antibiotika in der Tierhaltung in unserem Land nicht. Die Amerikaner haben damit überhaupt kein Problem.*
>
> *B2: Nur 20% der Deutschen wollen, dass weiter an Genome Editing geforscht wird. Das sagt doch schon alles über diese Technik.*

Bei der Argumentationsfigur „Ad populum" wird die eigene Position durch den Hinweis gestärkt, dass eine Mehrheit der Beteiligten diesen Standpunkt teilt. Die Tatsache, dass eine Mehrheit einen Standpunkt vertritt, ist selbst jedoch noch keine Aussage über die Qualität des Standpunktes. Die Mehrheit kann völlig falsch liegen. Zugleich gilt: Wenn die Debatte das Fahrwasser politischer Regulierung erreicht, können Mehrheitsverhältnisse durchaus entscheidend werden.

#8 Anekdote statt Argument

> *B1: Ich habe auf meinen Reisen nigerianische Bauern getroffen, die durch den Einsatz von gentechnisch verändertem Saatgut ihre Ernteerträge beträchtlich steigern konnten. Dadurch konnten sie ihren Kindern endlich eine gute Schulbildung ermöglichen.*

> *B2: Ich habe auf meinen Reisen brasilianische Bäuerinnen getroffen, bei denen gentechnisch verändertes Saatgut zu einem erhöhten Einsatz von Spritzmitteln geführt hat. Die Bäuerinnen sind daraufhin erkrankt, ihre Familien verarmt.*

Eine beliebte rhetorische Figur ist der Rückgriff auf Erzählungen von Anekdoten und Beschreibungen von Einzelfällen. Derartige Anekdoten führen zu der Fragestellung, die bereits Aristoteles beschäftigte, nämlich: Inwieweit darf man in Debatten die Emotionen des Publikums ansprechen? Die Antwort des antiken Philosophen scheint auch heute noch gültig: Emotionen anzusprechen ist ein erlaubtes Mittel, jedoch dürfen derartige Einzelfallbeschreibungen nicht mit Argumenten verwechselt werden. Sprich: Die Diskussion darf sich nicht in einem Austausch solcher Anekdoten erschöpfen, allenfalls können Anekdoten empirisch belastbares Material von durchgeführten Studien veranschaulichen.

Philosophischer Literaturtipp

Bleisch, Barbara; Huppenbauer, Markus: Ethische Entscheidungsfindung. Ein Handbuch für die Praxis.

---

8. Kapitel

Die Sehnsucht
nach dem landwirtschaftlichen Idyll

Ein Berggipfel spiegelt sich in einem klaren Gebirgssee, entlang des Ufers wächst ein kleines Wäldchen und auf den satten grünen Wiesen grasen Kühe in der milden Nachmittagssonne. Derartige Bilder einer landschaftlichen und landwirtschaftlichen Idylle sind allgegenwärtig, sie tauchen nicht nur in der Werbung auf, sie liegen auch jenem Aussteigertraum zugrunde, wie er in urbanisierten Kulturen so häufig anzutreffen ist: die Stadt und ihren Lärm und ihre Hektik hinter sich zu lassen und ein Leben am Land zu führen, im Einklang mit der Natur. Die Natur wird dabei als harmonisch und malerisch dargestellt, ein Leben in ihr und mit ihr gilt als beschaulich und ehrlich.

Über Landwirtschaft nachzudenken bedeutet, auch darüber zu reflektieren, wie sie wahrgenommen wird. Welche Sehnsüchte spielen hierbei eine Rolle? Daher unternimmt dieses Kapitel eine ideengeschichtliche Ausleuchtung der „Idylle".[18]

Was heißt Idylle?

Verwendet man im alltäglichen Sprachgebrauch das Wort „idyllisch", so schwingen gemeinhin Vorstellungen wie *still gelegen, abgeschieden, beschaulich, harmonisch, ländlich, malerisch, romantisch, friedlich, heimelig, lauschig, schön, verträumt,*

---

[18] Das Kapitel basiert auf folgender Publikation: Dürnberger, Christian (2008): „Der Mythos der Ursprünglichkeit – Landwirtschaftliche Idylle und ihre Rolle in der öffentlichen Wahrnehmung", in: Forum TTN 19. Utz Verlag, München.

behaglich oder *gemütlich* mit. Im vorliegenden Artikel wird der Begriff der Idylle so verstanden, dass er sich auf ein harmonisch verklärtes *ländliches* Leben bzw. eine romantisierte Darstellung von Natur bezieht. Hierzu stellt das Buch drei kurze Thesen auf.

#1 Nur die kultivierte Natur kann idyllisch sein

These: Eine Romantisierung der Natur kann erst dann einsetzen, wenn die Natur nicht mehr als existenzbedrohend gesehen werden muss. Eine Idyllisierung der Natur richtet sich demnach immer auf bereits kultivierte, gezähmte Natur.

Der Mensch früherer Jahrtausende, ja, auch noch Jahrhunderte, sieht sich der Natur weitgehend ohnmächtig ausgesetzt: Einerseits wirken in ihr rohe, gewaltige Kräfte wie Stürme oder Hagel, die seine Existenz bedrohen (die Natur erscheint dem Menschen als Ort fehlender Kontrolle; Sicherheit gewährleistet nur die Stadt oder die Siedlung), andererseits hängt sein tägliches Überleben von den Gaben der Natur ab.

Eine Romantisierung der Natur, so die erste These, kann erst dann einsetzen, wenn die Natur nicht mehr als Existenz bedrohende Kraft gesehen werden muss: „Man kann Natur nicht genießen und sich in ihr erholen, wenn man dauernd auf der Hut vor giftigen und räuberischen Tieren sein muss und das nächste Unwetter zu existentiellen Bedrohung werden kann." (Heiland 1992, 5) Erst wenn die Natur nicht mehr als tödlich und erschreckend empfunden wird, kann über ihre Schönheit gestaunt werden. Idylle ist demnach nur dort zu finden, wo die Zivilisation der Natur ihren Schrecken genommen hat.

Illusion „unberührte Natur"?

Als Menschen der Gegenwart haben wir es in unseren Breiten nahezu ausschließlich mit gezähmter Natur zu tun; selbst wo die Natur uns als „wild" gegenübertritt (man denke beispielsweise an Nationalparks), ist diese „Wildnis" umzäunt, also bewusst hergestellt, und wir betrachten sie vom sicheren Boden der Zivilisation aus. Auch wenn wir uns zeitweise der Illusion einer unberührten, in manchen Fällen sogar wilden und gefährlichen Natur hingeben, treffen wir in Wahrheit Natur in aller Regel als kulturelles Produkt an: Sie ist maßgeblich vom Menschen mitgestaltet. Exemplarisch: Auf den Feldern wachsen Kulturpflanzen, wie sie niemals in der Natur vorgekommen wären. Die Wälder sind aufgeforstet, die Flüsse begradigt, die Haus- und Nutztiere in ihren Erscheinungsformen maßgebliches Resultat menschlicher Züchtungen.

Trotz dieser Tatsache wird der Begriff „Natur" oftmals mit Wildnis gleichgesetzt. Es lässt sich hierbei eine gewisse *Sehnsucht nach Unberührtheit* diagnostizieren: Die unberührte, wilde, vom Menschen unabhängige Natur fasziniert; sie ist es, die uns als das Andere der Kultur beeindruckt. Für die Wahrnehmung des Agrarsektors hat dies Folgen: Landwirtschaftlich genutzte Natur ist ein Paradebeispiel von kultivierter Natur. Diese Natur ist eben nicht mehr unberührt, sondern der Mensch hat in sie eingegriffen. Wenn nun – beispielsweise in der Werbung – diese landwirtschaftlich genutzte Natur als unberührte Natur inszeniert wird, birgt dies die Gefahr emotionaler Kontroversen. Wer Landwirtschaft unbewusst mit „wilder, unberührter" Natur assoziiert, muss erstaunt bis schockiert sein, wenn er beispielsweise darüber informiert wird, dass auf den Feldern maßgeblich „Biofakte" wachsen. Was meint dieser Begriff der Philosophin Karafyllis (2003)?

Wir leben in einer Welt der Biofakte

Als Kurzform von *biotischen Artefakten* sind damit belebte Organismen gemeint, die maßgeblich vom Menschen gestaltet sind, denen man jedoch zugleich, insofern sie nach wie vor belebte Natur sind, ihre kulturelle Prägung nicht unmittelbar ansieht. Man denke nicht nur an das Getreide auf den Feldern, sondern beispielhaft auch an die Hunderassen, die uns im Alltag begegnen.

Begriffe wie jener des Biofakts versuchen über sprachliche Präzision eine Sensibilisierung für die dichten Verwebungen von Kultur und Natur herzustellen, d.h. einer naiven Dichotomie von Natur und Kultur entgegenzuwirken: Vom Menschen gestaltete Artefakte müssen nicht „tot" sein, wie sie auch nicht „unnatürlich" erscheinen müssen; natürlich Wachsendes kann maßgeblich vom Menschen geformt sein – und ist es in aller Regel mittlerweile auch. Wir leben in einer Welt der „Biofakte".

#2 Die Sehnsucht nach dem Bäuerlichen in der Stadt

These: Die Sehnsucht nach einem beschaulichen, bäuerlichen Leben in und mit der Natur ist eine Reaktion auf die Schattenseiten der urbanen Zivilisation.

Anschaulich lässt sich dieser Gedanke anhand der Epoche der Industrialisierung illustrieren. Die Industrialisierung brachte die Schattenseiten des städtischen Lebens in aller Deutlichkeit zu Tage: Umweltverschmutzung, hygienisch problematische Zustände, Lärm, zu kleine Wohnungen, dazu Arbeitsbedingungen, die vom Arbeitgeber streng diktiert wurden, führten zu einem Zivilisations- bzw. Stadtüberdruss.

Angesichts der negativen zivilisatorischen Begleiterscheinungen erscheint das Leben am Land plötzlich als eine Art verlorenes Paradies. Wer an der Stadt, der Technisierung und der Beschleunigung des Lebens leidet, für den ist Natur nicht mehr ein Ort böser Geister und abschreckender Unwirtlichkeit, sondern etwas Unschuldiges und Freies, wo man aufatmen und zu sich selbst finden kann. Als kunstgeschichtliche Speerspitze dieser (Gegen)Bewegung kann die *Romantik* genannt werden, die die Natur als harmonisch und idyllisch darstellt. Ihr Credo ist es, die Kluft, die den Menschen von der Natur trennt, daher zu überwinden.

Diese Idyllisierung der Natur und des bäuerlichen Lebens geht freilich an der Realität vorbei. Auch das Leben einer Bäuerin ist nicht frei von Hektik und ungeliebter Arbeit. Dementsprechend stehen die Bauern und Bäuerinnen der Romantisierung ihres Berufsstandes meist befremdet gegenüber.

Es lässt sich also eine Sehnsucht nach Natur und Landwirtschaft als Zufluchtsmöglichkeit vor den Schattenseiten der städtischen Zivilisation diagnostizieren. Die Idyllisierung der Landwirtschaft basiert auf einem städtischen Bedürfnis. Diese Sehnsucht führt im Kontext des Urbanen zu teilweise unrealistischen Vorstellungen, die den Diskurs erschweren. Die skizzierte Sehnsucht nach dem Ländlichen als Kontrastmodell zum urbanen Leben birgt nämlich Konfliktpotentiale: Auch vor der Landwirtschaft macht der Zug der Zeit nicht halt. Auch sie wurde von der Technisierung und Digitalisierung erfasst. (Siehe hierzu auch die weiteren Überlegungen weiter unten.) Wer Landwirtschaft als Kontrast zu Kultur, Technik und einem schnelllebigen Leben versteht, der missversteht sie: Landwirtschaft ist per se Kultur, und auch sie nimmt an der Dynamik der Gegenwart teil.

#3 Die Sehnsucht nach dem goldenen Zeitalter

These: In der Sehnsucht nach bäuerlicher Idylle schwingt auch eine Sehnsucht nach einem verlorenen Urzustand mit, ein Zustand, in dem der Mensch friedlich eingebettet mit und in der Natur gelebt und gearbeitet hat.

Ideengeschichtlich spricht man hier von Erzählungen über ein „goldenes Zeitalter."

In der Sehnsucht nach einer ursprünglichen Landwirtschaft lässt sich eine gewisse Nostalgie diagnostizieren: Nah an der Natur zu sein, bedeutet, nah am ursprünglichen Dasein des Menschen zu sein. Eine bäuerliche Landwirtschaft wird als etwas wahrgenommen, wie es einst war – und wie es eigentlich sein soll.

Ideengeschichtlich lässt sich dieser Gedanke im Konzept des „Goldenen Zeitalters" verorten: Derartige Erzählungen gehen von einem heilen (eben goldenen) Beginn der Welt aus, in dem der Mensch in einem paradiesischen Zustand lebte. Die nachfolgenden Epochen sind eine stufenweise Verschlechterung der ursprünglich perfekten Lebensbedingungen. Ausgehend von einem Paradies gleicht die restliche Kulturentwicklung also einer einzigen Verfallsgeschichte, deren Produkt der gegenwärtige Mensch ist. Die augenblickliche Epoche ist damit immer die schlechteste aller bisherigen Epochen.

Derartige kulturpessimistische Theorien lassen sich in verschiedenen Mythen und Erzählungen wiederfinden, nicht nur, aber besonders im abendländischen Raum. Ein Beispiel ist die christliche Erzählung über die Vertreibung aus dem Paradies. Der Garten Eden ist u.a. dadurch gekennzeichnet, dass Landwirtschaft nicht notwendig ist: Adam und Eva werden satt, ohne das Feld bestellen zu müssen. Erst der Sündenfall verdammt sie zur Landwirtschaft.

Beispiel: Die Geschichte des Sündenfalls

Wie spricht Gott an dieser Stelle:

> „So ist verflucht der Ackerboden deinetwegen. Unter Mühsal wirst du von ihm essen alle Tage deines Lebens. Dornen und Disteln lässt er dir wachsen und die Pflanzen des Feldes musst du essen. Im Schweiße deines Angesichts sollst du dein Brot essen, bis du zurückkehrst zum Ackerboden; von ihm bist du ja genommen. Denn Staub bist du, zum Staub musst du zurück." (Genesis 3, 17-19).

Im größten Zorn erläutert Gott den Menschen also, was ihnen nach der Verbannung aus dem Paradies blühen wird – oder genauer: was ihnen eben nicht mehr blühen wird. Er verdammt den Menschen zum bäuerlichen Dasein, zur existentiellen Notwendigkeit der Arbeit an der Natur.

Solche Erzählungen, die von einem goldenen Zeitalter ausgehen, das verloren ging, sprechen dem Urzustand ein tiefes Wissen (eine Art Einsicht) und wahres menschliches Sein zu. Augenscheinlich wird dieser Gedanke bei Jean-Jacques Rousseau (1712-1778) und seinem geflügelten Wort „Zurück zur Natur!" Der „edle Wilde" ist für Rousseau das Idealbild des Naturmenschen, der noch nicht von der Zivilisation verdorben ist, so appelliert Rousseau an seine Zeitgenossen:

> „Kehrt zu eurer frühen und ersten Unschuld zurück, denn es hängt von euch ab. Geht in die Wälder und vergesst Anblick und Erinnerung der Verbrechen eurer Zeitgenossen und befürchtet nicht, ihr würdet eure Gattung erniedrigen, wenn ihr, um auf ihre Laster zu verzichten, auf ihre Kenntnisse verzichtet." (Rousseau 1983, 127)

Der Slogan „Zurück zur Natur!" ist mit dem Traum einer Ursprünglichkeit, die wiedererlangt werden soll, eng verbunden. Rousseau charakterisiert die durch die Zivilisation verloren gegangene Urgesellschaft implizit als goldenes

Zeitalter, vor dessen Hintergrund er die Gegenwart einer vehementen Kritik unterzieht: Damals, „in der Natur", war der Mensch noch wahrer Mensch, zu diesem Menschsein soll er zurückkehren.

Gegenmodelle: Das Paradies liegt in der Zukunft

Erzählungen eines verloren gegangenen goldenen Zeitalters finden sich viele, ein berühmtes Beispiel sind etwa auch Ovids (43 v. Chr.-17 n. Chr.) „Metamorphosen".[19] Diese Geschichten haben aber freilich keine Monopolstellung. Es existieren auch entgegengesetzte Theorien, die statt von einem Verlust des Paradieses von einem steten *Fortschritt hin zum Besseren* ausgehen. Das „gelobte Land" wird in diesem Konzept nicht als etwas Verlorenes beklagt, es wird in die Zukunft projiziert als etwas, das erreicht werden kann – und soll.

Es ist vor allem der Siegeszug der Naturwissenschaften (und die damit einhergehende rasante Entwicklung in der Technik), die diesen Fortschrittsglauben hervorbringt und stärkt. Diesen Modellen entsprechend wäre die Gegenwart die bislang höchste Kulturstufe – aber noch nicht das Ende der Fahnenstange.

---

[19] Im Goldenen Zeitalter, so Ovid, brauchte es nicht nur keine Gesetze und keine Androhung von Strafen, damit ein jeder das Rechte tat, darüber hinaus stillte die Natur auch alle Nahrungsbedürfnisse des Menschen, ohne dass dieser mühsam und unter Schweiß den Acker zu bestellen hatte: „Ewig herrschte der Frühling, mit linden Lüften umkostet; Milde Winter die Blumen, aus keinerlei Samen entsprossen; Früchte des Felds trug bald der unbeackerte Boden; Weiß erglänzten von vollen Ähren die Fluren, obwohl sie; Niemals gepflügt... (Ovid, Metamorphosen, 107-110) Die Erde blieb in diesem Zeitalter also vom Pflug unverwundet, die Natur gab von selbst, und der tiefe, allgegenwärtige Friede war nicht nur ein Friede zwischen den Menschen, sondern auch ein Friede zwischen Mensch und Natur. Dann wurde stets alles schlechter, und daher haben wir heute am Feld hart zu arbeiten, um die Ernte einzufahren.

Als Beispiel hierfür kann Francis Bacons (1561-1626) utopischer Roman „Nova Atlantis" gebracht werden. In dieser Erzählung brachte Bacon auf den Punkt, was seines Erachtens eine gute, fortschrittliche Gesellschaft auszeichnet: Eine solche Gesellschaft forciert die Naturwissenschaften, um Technik hervorzubringen, die dabei hilft, die Natur zu beherrschen und das Leid der Menschen zu verringern. Eine solche Gesellschaft sieht er dabei als realistische Zielvorstellung an.

Zwei Interpretationen

Je nach Sicht der Dinge kann die Landwirtschaft nun unterschiedlich gesehen werden: Sieht man im Bauernstand die ursprüngliche Daseinsform des Menschen, der eine besondere Qualität zugesprochen werden muss, so wird eine technische Innovation eher als eine Abkehr von der Einfachheit und als Verlust des Paradieses und der Ursprünglichkeit angesehen und beklagt. Der paradiesische Zustand ist nämlich immer geprägt durch eine gewisse Zeitlosigkeit: Das Perfekte kann sich nicht verbessern. Jede Veränderung ist demnach eine Verschlechterung. Beginnt die Zeit zu fließen, ist das Paradies verloren. Aus dieser Perspektive wird Veränderung eher als negativ empfunden.

Erkennt man im Bauernstand hingegen bloß eine frühe, primitive Wirtschaftsform, die im Lauf der Geschichte technisch verfeinert und verbessert wurde, so sind technische Innovationen und strukturelle Veränderung weder überraschend noch abzulehnen. Das Fließen der Zeit wird im Fortschritts-Modell begrüßt.

Im gegenwärtigen Diskurs über die Landwirtschaft lassen sich diese zwei Konzepte durchaus ausmachen. Wenn in den Medien Bilder von vollautomatisierten Farmen auftauchen, die so gar nichts mehr von der

Beschaulichkeit des bäuerlichen Lebens im Rhythmus der Natur aufweisen, sehen darin nicht wenige einen Qualitätsverlust, den sie meist nicht genauer verbalisieren können. Die Quelle dieser Intuition scheint zu sein, dass mit „Bauersein" implizit ein Leben in der Natur assoziiert wird, das etwas Ursprüngliches, etwas Unverfälschtes, etwas Idyllisches aufweist, das nicht oder nur bedingt der Rasanz der technischen Entwicklung unterworfen ist – oder unterworfen sein sollte.

In pathetischen Worten: Das Bauerntum wird oftmals als eine Insel des goldenen Zeitalters, als letzte Brücke zum verlorenen Paradies verstanden – und auch inszeniert. Das bäuerliche Leben wird mit Attributen wie „ehrlich", „beschaulich" oder auch „ursprünglich" aufgeladen – Attribute, wie man sie in einem nostalgischen Denken früherer Zeit nachsagt. Während in anderen Wirtschaftszweigen technische Innovationen positiv beurteilt werden, werden sie im Agrarsektor daher oftmals skeptisch betrachtet.

Das Agrarmarketing setzt auf Idylle

Das typische Agrarmarketing setzt auf die idyllischen Bilderwelten: Es ist ein goldenes Zeitalter, das uns in der Werbung präsentiert wird. Die neuesten Traktoren, Melkmaschinen oder Fütterungsanlagen sucht man demnach auf den Plakaten und in den Werbespots meist vergeblich. Technik und Innovation spielen kaum eine Rolle, sie würden das idyllische Bild scheinbar bloß stören. Ist ein anderes Marketing möglich, sinnvoll, ja vielleicht notwendig? (vgl. hierzu Kapitel 11).

Hinsichtlich der aktuellen Debatte müssen diese impliziten Vorstellungen jedenfalls reflektiert werden: Sieht sich die Landwirtin der Gegenwart beispielsweise als „normale" Unternehmerin, als Vertreterin eines Wirtschaftszweiges, während der Bauernstand von einer breiten Öffentlichkeit als „existentielle" Daseinsform verstanden wird? Sieht die Öffentlichkeit im Bauerntum eine letzte Insel eines goldenen Zeitalters, die vor der Schnelllebigkeit der Welt geschützt werden soll, während der Bauer selbst den technischen Fortschritt bejaht und gutheißt? Die in dieser Frage unterschiedlichen Auffassungen müssen als Quelle von Kontroversen in Betracht gezogen werden.

Weiterführende Reflexionsfragen

1. Inwieweit kann der „Naturbegriff" heute noch sinnvoll verwendet werden? Bräuchte es eine neue Begrifflichkeit, die klarer anzeigt, dass wir es nicht mehr mit „unberührter" Natur zu tun haben? Oder sind auch „Biofakte" immer noch „natürlich"?

2. Inwieweit sollte das Agrarmarketing bewusst auf die Inszenierung der Landwirtschaft als „idyllisch" und „beschaulich" verzichten und stattdessen die Technisierung und den Fortschritt in den Fokus stellen? Was spricht dafür? Was dagegen?

9. Kapitel

Landwirtschaft 4.0.
Ein ethisches Diskussionsmodell

Dieses Kapitel versucht zweierlei: ein ungefähres Verständnis rund um die Entwicklungen einer so genannten Landwirtschaft 4.0 zu skizzieren und hierbei ein Diskussionsmodell vorzuschlagen, wie derartige oder andere Anwendungen ethisch zu diskutieren sind. Es geht dabei nicht um eine vorgegebene ethische Bewertung, sondern um einen *Leitfaden*, wie man *selbstständig* derartige Fragen beurteilen und diskutieren kann. Ein derartiges Verfahren ist beispielsweise gerade für Gruppendiskussionen sinnvoll.[20]

Vier Diskussionsschritte

Die angewandte Ethik hat gerade in jüngster Vergangenheit pragmatische Instrumente der ethischen Beurteilung und Diskussion – sogenannte „ethical tools" – entwickelt, die als Hilfestellung für eine strukturierte Urteilsfindung in Konfliktsituationen dienen sollen. Im Folgenden wird ein grobes Schema in vier Schritten vorgeschlagen.

1. Festlegung der Frage und Klärung der Fakten: Welche Frage soll diskutiert und entschieden werden – und wie ist hierzu die Faktenlage?
2. Wer sind die Betroffenen (im Englischen „Stakeholder") der zur Diskussion stehenden Frage?

---

[20] Das Kapitel basiert auf folgender Publikation: Dürnberger, Christian (2018): Digitalisierung im Stall. Ethische Perspektiven auf einen Trend der Zukunft. In: Tierärztliche Umschau. Nr. 11/2018. 391-394.

3. Was sind die wichtigsten Pro-und-Contra-Argumente?
4. Abwägung und Entscheidung

#1 Welche Frage soll diskutiert werden – und wie ist hierzu die Faktenlage?

Wer sich einer ethischen Diskussion widmet, muss vorher die konkrete Fragestellung festlegen. Obwohl plausibel, wird dieser Schritt oftmals übergangen. Dabei kann es hilfreich sein, tatsächlich eine *konkrete Frage* auszuformulieren – und nicht etwa nur ein grobes Themenfeld vorzugeben.[21] Dass in einer Gruppendiskussion die Debatten in der Folge abschweifen, ist dabei kein Problem – solange man immer wieder zur konkreten Ausgangsfrage zurückkehrt.

Die Klärung der Fakten ist essentiell: Ethisches Nachdenken braucht Informiertheit. Alles andere ist sinnlos. Ich muss wissen, was Sache ist – erst dann kann ich darüber vernünftig reflektieren und eine entsprechende Entscheidung treffen. Ethik braucht demnach Daten – Daten jedoch können Ethik nicht ersetzen, da Daten uns zwar informieren, aber uns nicht unmittelbar sagen, was zu tun ist. Hierfür müssen die Daten in Kontext gesetzt und entsprechende Handlungsoptionen abgewogen werden.

Im vorliegenden Fall könnte eine konkrete Fragestellung lauten: „Soll ein Land wie Österreich oder Deutschland verstärkt öffentliche Gelder in die Hand nehmen, um die Erforschung und Entwicklung von Anwendungen einer ‚Nutztierhaltung 4.0‘ zu fördern?" Wiederholend und um Enttäuschungen vorzubeugen: Der folgende Verlauf des Kapitels beantwortet diese Frage *nicht*,

---

[21] Beispielhaft: Die Frage „Soll gentechnisch veränderter Mais, der u.a. gegen den Maiszünsler resistent ist, in Europa angebaut werden dürfen?" lässt sich präziser und damit oftmals ergiebiger diskutieren als ein Thema wie „Grüne Gentechnik – ja oder nein?"

sondern skizziert entlang der vier Schritte, welche Fragen und Aspekte hierbei beispielsweise zu diskutieren wären.

Zuallererst muss – im Sinne einer Klärung der Faktenlage – ein Verständnis davon gewonnen werden, was sich hinter dem Schlagwort „Landwirtschaft 4.0" verbirgt.

Was meint Landwirtschaft 4.0?

Nachhaltige Veränderungen scheinen nach großen Begrifflichkeiten zu verlangen, und so ist seit geraumer Zeit von *Precision Farming, Precision Dairy Management, Smart Farming* oder *Landwirtschaft 4.0* die Rede. Wie immer bedarf es bei derartigen Termini der Vorsicht: Wie viel Marketing steckt in ihnen? Die Potentiale und Versprechen, die mit diesen Begriffen verbunden sind, sind denn nicht nur groß, sondern manchmal marktschreierisch. Abseits dieser Zweifel kann jedoch festgehalten werden, dass die Landwirtschaft in der Tat einen Innovationsschub rund um Digitalisierung und Vernetzung bestimmter Arbeitsprozesse erfährt.

Was früher der Intuition der Landwirtin überlassen war, soll nun auf Basis von vor Ort erhobenen Daten entschieden werden. Im Vorliegenden wird auf eine platzraubende Definition und Ausdifferenzierung der einzelnen Begriffe verzichtet. Unter „Landwirtschaft 4.0" soll – kurz gefasst – der Einsatz moderner Informations- und Kommunikationstechnologien in der Landwirtschaft verstanden werden. Der Begriff 4.0 – angelehnt an die so genannte „Industrie 4.0" – soll anzeigen, dass nach der Mechanisierung durch Dampfmaschinen und Verbrennungsmotoren, nach den Innovationen rund um Hydraulik und Zapfwelle sowie nach der Verbesserung von Wirkungsgrad und Bedienungskomfort der eingesetzten Gerätschaften durch die Elektronik die Landwirtschaft nun eine „vierte Revolution" erlebt.

Beispiele vom Feld

In der Pflanzenproduktion sind Elemente einer „Landwirtschaft 4.0" bereits weit verbreitet. Oft wird zur Veranschaulichung des so genannten *Precision Farmings* auf autonome Traktoren verwiesen, die GPS-gesteuert die Felder befahren. Derartige Fahrzeuge mit automatischen Lenksystemen entlasten nicht nur den (früheren) Fahrer, sondern können auch dazu beitragen, mit Boden und Pflanzen präziser und damit sorgsamer umzugehen.

Die Entwicklung in diese Richtung ist dabei noch lange nicht an ihre Grenzen gestoßen: Kein Feld gleicht dem anderen, wie auch kein Feld eine vollständig einheitliche Bodenstruktur oder einen gleichmäßigen Pflanzenbestand aufweist. Ist das Wissen vorhanden, wie es um die Nährstoffverfügbarkeit in einem bestimmten Abschnitt aussieht, kann die Nährstoffversorgung, also die Düngung, entsprechend angepasst werden. Möglich ist beispielsweise eine „Echtzeitmessung" am Traktor: Stickstoffsensoren am Gefährt erfassen über Lichtwellen die Blattfärbung der Pflanzen und sammeln auf diesem Wege die notwendigen Daten, wie am besten lokal gedüngt werden sollte.

Dieses Beispiel macht exemplarisch die Versprechungen wie Hoffnungen der „Präzisionslandwirtschaft" deutlich: (1) Der Mensch wird von einer anstrengenden Tätigkeit und/oder Routinearbeit entlastet, (2) teure Betriebsmittel (wie in diesem Fall Dünger) können eingespart werden, (3) die Erträge werden (durch präzise Bewirtschaftung) gesteigert und (4) schließlich wird zentralen gesellschaftlichen Werten wie Klima-, Umwelt oder Tierschutz besser entsprochen (führt eine präzisere Düngung doch nicht zuletzt zu einem umweltschonenderen Umgang mit Boden und Pflanzen).

Beispiele aus dem Stall

Auch in der Nutztierhaltung erfahren Prozesse einen Digitalisierungsschub: Autonome Komponenten oder komplett automatisierte Systeme wie Melkroboter, Spaltenreiniger oder Fütterungsautomaten haben Einzug in die Ställe gehalten. Um diese Entwicklung näher zu konkretisieren, soll beispielhaft in einen Milchviehbetrieb geblickt werden, um fünf Anwendungen zu skizzieren.

(1) Melkroboter sind bereits jetzt weit verbreitet: Die Kühe gehen, angelockt von schmackhaftem Futter, alleine in den Melkstand, automatische Bürsten stimulieren und säubern die Euter, das Gerät „erkennt" die Kuh und stellt sich auf ihre Anatomie ein, die Melkbecher docken an die Zitzen an und das Melken beginnt. Die Vorteile dieser Technik liegen auf der Hand: Der Mensch wird von der Melktätigkeit entlastet, dadurch kann zum einen weniger Personal notwendig sein, zum anderen steigt die zeitliche Flexibilität des Tierhalters, er muss nicht mehr zu einer bestimmten Zeit unbedingt vor Ort sein. Aus Sicht der Kuh gilt ähnliches, denn auch sie hat nun mehr „Entscheidungsfreiheit", wann genau sie zum Melken geht. Und schließlich zeigen Studien, dass die gewonnene Milchmenge durch den Einsatz von derartigen Melkrobotern gesteigert werden kann.

(2) Nicht nur das Melken, auch die Fütterung kann automatisch erfolgen – und tut es in vielen Betrieben (besonders bei Schwein und Geflügel, aber auch bei Kraftfutter für Milchkühe) bereits. Ein Automat mischt das Futter und stellt es den Kühen zur Verfügung – wenn gewünscht (da häufigere und kleinere Mahlzeiten beispielsweise besser für die Pansengesundheit sind) in kleineren Portionen über den gesamten Tag verteilt. Die Fütterung kann dabei auch individuell geschehen, beispielsweise mittels eines Chips in der Ohrmarke, der

von der Fütterungsstation erkannt wird, um jedem einzelnen Tier eine alters-, gesundheits-, und leistungsoptimierte Ernährung zukommen zu lassen.

Die beiden bisherigen Beispiele beziehen sich auf Arbeitsprozesse im Stall, aber auch die Tiere selbst werden von der Digitalisierungswelle erfasst:

(3) Beispielsweise kann via Sensoren die Wiederkautätigkeit jeder Kuh kontrolliert werden (vgl. für das Folgende Fasching 2016, 15ff.): Entscheidende Parameter sind die Dauer der Wiederkauperioden, die Häufigkeit der täglichen Wiederkauperioden, die Wiederkauzeit je Bissen und die Kaugeschwindigkeit (vgl. Nydegger und Keller 2011). Technisch lässt sich die Wiederkautätigkeit auf verschiedene Weisen erfassen: Praxistauglich – und erprobt – ist etwa die Befestigung eines Mikrofons am Halsband, um die für das Wiederkauen typischen Geräusche zu dokumentieren (vgl. hierzu Reith und Hoy 2012).

Die genannten Parameter sind für die Tierhalterin relevant, insofern sie in Zusammenhang mit Erkrankungen (z.B. Stoffwechsel- und Verdauungsproblemen) stehen sowie wertvolle Informationen über Brunst oder Abkalbung liefern können. Hoy (2015) zeigte beispielsweise, dass eine Kuh ca. vier Stunden vor der Geburt die Wiederkauzeit reduziert und es zwei Stunden vor der Geburt erneut zu einem signifikanten Rückgang kommt. Reith et al. (2012) zeigten, dass am Tag der Brunst die Wiederkauaktivität signifikant niedriger ist als drei Tage vor und drei Tage nach der Brunst. Daten bezüglich der Wiederkauaktivität können damit Entscheidungen des Tierhalters bedeutsam verbessern, sei es mit Blick auf die Früherkennung von Krankheiten oder mit Blick auf Brunst und Abkalbung.

(4) Selbiges gilt für die innere Körpertemperatur einer Kuh: Auch sie kann sowohl über den allgemeinen Gesundheitszustand wie auch bezüglich Brunst

und Abkalbung wertvolle Anhaltspunkte liefern. An dieser Stelle zeigt sich, was rund um „Landwirtschaft 4.0" neu ist: Neu ist weniger der grundsätzliche Wunsch, anhand von Daten mehr über den Zustand eines Tiers erfahren zu wollen, sondern, dass diese Daten via sensorgestützter Überwachung sehr detailliert, tierindividuell und permanent erhoben werden können.

(5) Als abschließendes Beispiel kann auf die Protokollierung der Aktivität verwiesen werden: Mit Sensoren, so genannten Pedometern, die beispielsweise am Fesselgelenk befestigt werden, kann von jedem Tier ein Bewegungsprofil erstellt werden. Auch diese Daten können Hinweise auf den Zustand der Kuh geben: Eine erhöhte Aktivität kann – gemeinsam mit anderen Parametern – auf eine mögliche Brunst hinweisen; eine verringerte Aktivität auf gesundheitliche Probleme etc.

Die gebrachten Beispiele geben eine Vorahnung von dem, was zukünftig – gerade durch die Vernetzung der erhobenen Daten – in der Nutztierhaltung möglich sein wird; und sie zeigen exemplarisch die entscheidenden Versprechen und Potentiale der unter „Nutztierhaltung 4.0" subsumierten Technologien: Sie sollen (1) den Tierhalter entlasten, (2) das Gesundheitsmanagement des einzelnen Tiers (durch Früherkennung, Vorbeugung, permanente tierindividuelle Kontrolle,...) verbessern, (3) einen effizienteren Umgang mit Ressourcen (wie Futter, Medikamenten,...) ermöglichen sowie (4) mehr Ertrag sicherstellen.

Mit Blick auf das ethische Diskussionsmodell läge nun zumindest ein ungefähres Verständnis der Begrifflichkeit „Nutztierhaltung 4.0" vor. Mehr als das, die Recherche zeigte beispielhafte Anwendungen.

#2 Wer ist betroffen?

Ethik versucht moralisch gerechtfertigte Interessen gegeneinander abzuwägen. Hierzu muss ich zuallererst wissen, wer von einer bestimmten Entscheidung, Technik oder Handlung überhaupt betroffen ist. Auf wen wirkt sich die zu diskutierende Frage aus? Anders formuliert: Wer sind die Stakeholder? Und welche Interessen haben sie?

Diese Fragen müssen nach der vorangegangenen Klärung der Faktenlage diskutiert werden. Hierzu sollte in einer Gruppendiskussion idealerweise eine Liste angelegt werden. Wie eine solche Liste grob aussehen könnte, wird im Folgenden veranschaulicht.

Das Buch macht den Vorschlag, zumindest drei essentielle Stakeholder zu berücksichtigen:

(1) Die Tiere,

(2) die Landwirtinnen und Landwirte sowie

(3) die Gesellschaft (ein Bereich, der fürs Erste bewusst in vager Formulierung bleibt).

(1) Tiere

Eine ethische Diskussion neuer Techniken in der Nutztierhaltung hat ohne Zweifel nach den Auswirkungen auf die Tiere zu fragen. Hierbei könnte man weiter differenzieren: Es kann gefragt werden, wie sich die Technik auf das (a) Wohlergehen der Tiere auswirkt. Unter Wohlergehen kann – in Orientierung an den „Fünf Freiheiten" (vgl. Kapitel 5) – der allgemeine Zustand des Tiers verstanden werden mit Blick auf Hunger und Durst, Unbehagen (etwa durch haltungsbedingte Beschwerden), Schmerz Verletzungen und Krankheiten sowie Angst und Stress.

Eine zweite Dimension kann die letzte der „Fünf Freiheiten" erfassen, nämlich die (b) weitgehende Freiheit zum Ausleben natürlicher Verhaltensmuster. Mit diesen beiden Dimensionen sind die etwaigen Auswirkungen der Technik weit gefasst, und doch kann eine dritte genannt werden: Es kann nämlich gefragt werden, inwieweit eine bestimmte Anwendung die (c) „Würde" des Tiers verletzt (vgl. das Schweizer Tierschutzgesetz, Art. 3 Bst. a TSchG).

Dieser Begriff sorgt für Konfusion und Kontroverse (vgl. hierzu Kunzmann 2007). Im Vorliegenden wird die „tierliche Würde" vom Begriff der Menschenwürde unterschieden. Verwendung findet der Begriff, weil er als Platzhalter für eine moralische Intuition taugt, und zwar, dass man Tiere „falsch" behandeln kann, auch wenn Wohlergehen und Verhaltensfreiheit nur bedingt leiden. Tierliche „Würde" stellt demnach die Frage nach einer „Schädigung, die vom Tier selbst vielleicht nicht als etwas Negatives empfunden wird." (Rippe 2002, 236). „Tierliche Würde" ist in diesem Verständnis kein absoluter Begriff, sondern ein anthroporelationaler. Um den Gedanken zu illustrieren: Ein Tier, das zur Belustigung wie ein Clown geschminkt wird, erscheint vielen Menschen problematisch. Auch wenn hierbei das Tier nicht leidet und sein Verhaltensrepertoire nicht eingeschränkt wird, empfinden viele diese Handlung als unrichtig und demütigend, weil das Tier „erniedrigt" oder „übermäßig instrumentalisiert" wird.

Nun kann eine Gruppendiskussion diese drei Dimensionen zum Thema machen: Wie wirken sich konkrete Anwendungen einer „Nutztierhaltung 4.0" auf die genannten Aspekte aus? Gibt es hierbei relevante Unterschiede zwischen konkreten Anwendungen?

Allgemein gehalten ist eine Beurteilung kaum möglich. Allenfalls kann hier eine grobe Diskussion erfolgen: Techniken rund um eine „Nutztierhaltung 4.0" versprechen eine präzisere gesundheitliche Betreuung des einzelnen Tiers. Die permanent, detailliert und individuell erhobenen Daten schaffen eine Ausgangsbasis, um das Wohlergehen des Tiers, wie in Dimension (a) gefasst, zu fördern. Und lapidar gesagt: Das ist alles andere als nichts. Es wird sich zeigen, inwieweit Anwendungen auch die Dimension (b) betreffen, und wenn ja, ob positiv oder negativ.

Die dritte Dimension (c) der „Würde" ist schließlich der Ort, an dem die Dynamik der grundsätzlichen Entwicklung reflektiert werden kann: Es ist davon auszugehen, dass sich eine Kuh durch die ständige Überwachung nicht in ihrer Privatsphäre verletzt fühlt. Auch bedeutet eine zusätzliche datenerhebende Funktion in einem Chip meines Erachtens keine „Erniedrigung" oder „übermäßige Instrumentalisierung" im Unterschied zu bisherigen Praktiken. Langfristig aber stellen sich durchaus diskussionswürdige Fragen: Wenn vor einer völligen „Verdinglichung" des Tiers gewarnt wird, in dem es nur noch „Rohstoff" ohne jeglichen Eigenwert ist, kann beispielsweise gefragt werden, inwieweit eine permanente digitale Überwachung, die eventuell darin mündet, dass ein Algorithmus darüber entscheidet, wann sich die Haltung nicht mehr lohnt, diese Dynamik forciert bzw. „versinnbildlicht". Anders formuliert: Wenn wir so gut wie alles über ein Tier wissen… sorgt dies dann dafür, dass wir „unbarmherzig" Tiere aussondern, wenn sie gewissen Leistungsparametern nicht entsprechen? Oder ist das Gegenteil der Fall: Hilft uns der Algorithmus nicht nur dabei, Krankheiten schneller zu diagnostizieren, sondern auch zu erkennen, wenn ein Tier unverhältnismäßig leidet, ohne Aussicht auf Heilung, so dass es früher geschlachtet wird – und das Fleisch noch als Lebensmittel Verwendung finden kann, was bei einem weiteren Krankheitsverlauf nicht mehr möglich wäre?

(2) Landwirtinnen und Landwirte

In Anlehnung an die *Ethical Matrix* (vgl. Mepham et al. 2006) kann gefragt werden, wie sich die eingesetzten Techniken auf das (a) Wohlergehen und die (b) Autonomie der Tierhalterin und des Tierhalters auswirken; und inwieweit die Technik Fragen der (c) Fairness und Gerechtigkeit berührt.

Erneut soll ein Vorschlag gemacht werden, wie die Diskussion auf Basis der drei genannten Dimensionen grob ablaufen kann: Hinsichtlich des (a) Wohlergehens versprechen die Techniken (nach einer hohen Erstinvestition) ein gesteigertes Einkommen; darüber hinaus soll der Tierhalter von monotonen Routinetätigkeiten und anstrengender Arbeit entlastet werden. Robotik und eine Betreuung via Bildschirm ermöglichen eine Flexibilisierung der Arbeit. All das Genannte weist das Potential auf, etwas zu verbessern, das oft im Argen liegt: die Work-Life-Balance von Landwirtinnen und Landwirten. Hierbei geht es nicht nur um eine grundsätzliche Attraktivierung des Berufs, nein, es geht auch um das „Seelenheil" von Menschen. Kein Beruf ist wichtiger als man selbst. Auch kein Erbhof mit einer altehrwürdigen Tradition, die einen staunen lässt. Zuerst kommt der Mensch, und insofern ist eine bessere Work-Life-Balance stets zu begrüßen.

Die beschriebene Flexibilisierung hat jedoch eine „Schattenseite": Eine permanente Datenerhebung kann die Überzeugung forcieren, ständig in Echtzeit Entscheidungen treffen zu *müssen* und kaum mehr „abschalten zu können".

Hinsichtlich der (b) Autonomie stellt sich vor allem die entscheidende Frage der Datenhoheit: „Landwirtschaft 4.0" erzeugt nicht nur Nahrungsmittel – sondern Daten. Wem aber gehören diese? Wer hat Zugriff auf sie und wer darf sie nutzen? Unter „Autonomie" kann darüber hinaus ein weiterer entscheidender Aspekt diskutiert werden: Wer relevante Daten erhebt, muss diese auch schützen. Technische Störungen sind dabei genauso ein Risiko wie etwaige „Hackerangriffe".

Insgesamt zeigt sich, wie die „Nutztierhaltung 4.0" das Berufsbild verändern könnte: Die Landwirtin wird zu einer „Datenmanagerin", die in Zusammenhang mit „klugen Algorithmen" aus einem schier unendlichen „Datenmeer" relevante Informationen zu generieren hat – und dabei zugleich idealerweise das Tier „hinter" diesen Daten nicht aus dem Blick verliert, denn: Die Tierbeobachtung durch den Tierhalter bleibt unersetzlicher Bestandteil. Am Ende sind es immer noch die Tierhalter, die handeln müssen und die als „Vertrauensperson" für die Tiere fungieren – nicht Programme.

Der Aspekt der (c) Fairness stellt schließlich die drängende Frage, inwieweit strukturschwache Gegenden durch die Digitalisierung einen (weiteren) Nachteil erfahren: Der ländliche Raum braucht für eine „Landwirtschaft 4.0", die diesen Namen verdient, flächendeckend schnelles Internet. Dieses ist – Stand heute – alles andere als gleich verteilt. Vielleicht braucht es doch nahezu „an jeder Milchkanne" ein starkes Netz.

(3) Gesellschaft

Landwirtschaft findet schließlich in einem gesellschaftlichen Setting statt. Hierbei können idealtypisch verschiedene soziale Rollen unterschieden werden.

Zuallererst trifft die Landwirtschaft auf die Interessen und Wünsche der (a) Verbraucherinnen und Verbraucher. Diese wollen leistbares, sicheres und schmackhaftes Essen in ausreichender Menge. Eine „Landwirtschaft 4.0" hat das Potential, die Produktivität zu erhöhen, mehr noch: Es lässt sich die

Hoffnung artikulieren, dass die durch Daten erhöhte Transparenz *Vertrauen* generieren könnte. Wenn beispielsweise empirisch nachvollziehbar gezeigt wird, dass Antibiotika tierindividuell und nur, wenn notwendig, eingesetzt werden, könnte dies das Vertrauen in die Nutztierhaltung steigern. Jedoch ist auch der gegenteilige Effekt denkbar: Dass sich die Verbraucherinnen nicht für die „Normalität" oder „*best practice*"-Beispiele interessieren, sondern für die „Ausnahmen" und Skandale.

Als (b) Bürgerinnen und Bürger fordern Menschen nicht nur, satt zu werden, sondern auch, dass zentrale Werte, wie Klima-, Umwelt- und Tierschutz, realisiert werden sowie dass die Landwirtschaft möglichst kleinstrukturiert bleibt. Hier deutet sich eine Spannung an, denn: Alles deutet darauf hin, dass die Digitalisierung den Strukturwandel verschärft. Und noch ein Spannungsfeld tut sich auf: Viele Bürger assoziieren mit Landwirtschaft eine positiv besetzte „Ursprünglichkeit", eine Lebens- und Arbeitsweise, wie sie einst war und eigentlich sein soll (vgl. Kapitel 8). Technik, Robotik und Innovation widersprechen diesen gängigen Bilderwelten von einer „technikfernen Idylle" und entsprechen eher den gängigen Vorstellungen rund um eine „industrielle" Landwirtschaft.

Schließlich kann anhand der Digitalisierung der Nutztierhaltung (c) auch über Technik und Gesellschaft allgemein reflektiert werden. Es kann gesamtgesellschaftlich nicht nur darüber diskutiert werden, welche Landwirtschaft wir haben wollen und verantworten können (geht es dabei z.B. „nur" um Nahrungsmittelproduktion oder auch um „Nebeneffekte", wie Pflege der Kulturlandschaft, Stärkung des ländlichen Raums etc.), sondern auch, wie die Dynamiken rund um Digitalisierung und Vernetzung grundsätzlich am besten zu gestalten sind. Eventuell werden die Debatten über diese „neue Landwirtschaft" auch ein gesellschaftlicher Ort sein, an dem „Ängste" und „Misstrauen" (beispielhaftes Stichwort: „Überwachungsstaat") artikuliert werden, die Menschen grundsätzlich angesichts der Digitalisierung haben.

Resultat der Stakeholder-Diskussion

Als Resultat der Frage nach den Betroffenen und ihren Interessen erhält man demnach eine Tabelle, die im Folgenden bloß grob zusammengefasst wird. Eine längere Diskussion in der Gruppe könnte sowohl die Stakeholder (Nachbarn, Touristinnen, Zulieferindustrie, etc.) wie auch die Interessen noch weiter ausdifferenzieren. Je präziser beide Ebenen beschrieben sind, desto leichter fallen die Schritte #3 und #4.

Stakeholder	Interessen	Interessen	Interessen
Tiere	Wohlergehen (Gesundheit, Angst, Stress, Unbehagen, etc.)	Freiheit zum Ausleben angeborener Verhaltensmuster	„Tierliche Würde"
Tierhalterinnen und Tierhalter	Wohlergehen (z.B. Einkommen; Work-life-Balance)	Autonomie	Fairness
Gesellschaft	Leistbares, sicheres und schmackhaftes Essen	Klima-, Umwelt- und Tierschutz, kleinstrukturierte Landwirtschaft	Auswirkungen der Digitalisierung insgesamt („Überwachungsstaat"?)

Tabelle 1: Schematische Darstellung der Betroffenen

#3 Was sind die wichtigsten Pro-und-Contra-Argumente?

Nachdem die zentralen Stakeholder identifiziert und diskutiert wurden, sind die wichtigsten Güter zu klären. Folgende Schritte wären hier denkbar:

(1) Welche Interessen sind die bedeutsamsten – sowohl mit Blick auf eine positive wie negative Beantwortung der Ausgangsfrage? Kann eine Reihenfolge erstellt werden?

(2) Wie wirkt sich eine bestimmte Anwendung auf die identifizierten Interessen aus? Ein mögliches Vorgehen wäre hierbei eine „Benotung" anhand der Tabelle.[22]

(3) Inwieweit können anhand der angefertigten Tabelle verschiedene Anwendungen miteinander verglichen werden? Zeigen sich signifikante Unterschiede, sprich: Gibt es technische Anwendungen, die mehr moralisch relevanten Interessen gerecht werden als andere?

Diese drei Fragen sollen nicht täuschen: Ethische Diskussionsmodelle sollen die Debatte ordnen und essentielle Fragen aufzeigen – sie sind jedoch kein „Ethik-Rechner", der am Ende ein glasklares Resultat „ausspuckt", ob etwas richtig oder falsch sei, nein: Das Modell hilft vielmehr dabei, sich einen Überblick über eine Frage zu verschaffen, indem mit ihm das Problem nach zentralen ethischen Aspekten strukturiert wird. Am Ende braucht es dennoch eine *selbstständige* Entscheidung. Diese wird vom Modell nicht vorgegeben.

---

[22] So kann man in die ausdifferenzierte Tabelle Plus- und Minuszeichen für jedes Interesse eintragen: „+++" für „sehr positiv", „++" für „positiv", „+" für „eher positiv", „–" für „eher negativ", „– –" für „negativ", „– – –" für „sehr negativ".

#4 Abwägung und Entscheidung

Schließlich sind die diskutierten Güter und Argumente abzuwägen: Welche Überlegungen haben sich in der Diskussion als derart essentiell herausgestellt, dass sie unbedingt berücksichtigt werden müssen? Welche Interessen sind schlagend? Auf Basis welcher Güter erscheint es vernünftig und moralisch, die Ausgangsfrage zu beantworten? In der Ethik spricht man bei der Abwägung derartiger Überlegungen von einer „Güterabwägung".

Wie funktioniert diese? Zichy et al. (2014) versuchen sich – im Anschluss an Beauchamp und Childress – in einer Antwort. Sie schreiben hierzu: Handlungen haben

> „in der Regel sowohl positive als auch negative Konsequenzen. In diesen Fällen kommt es zu Konflikten (…). In all diesen Fällen muss der Konflikt durch eine Abwägung aufgelöst werden. Allerdings bringt die Abwägung das sogenannte ‚Äpfel-Birnen-Problem' mit sich, das darin besteht, dass Prinzipien bzw. Werte, Konsequenzen usw. verglichen werden müssen, die streng genommen unvergleichbar sind, da es keinen gemeinsamen Maßstab der Bewertung gibt. Wie soll ein Mehr an Freiheit mit einem weniger an Sicherheit, ein Mehr an Gerechtigkeit mit einem Weniger an Freiheit verglichen werden? Wie soll das Tierleid bei der Herstellung von Kosmetika mit dem Mehr an Sicherheit verglichen werden, das der Kosmetikverbraucher davon hat? Folglich gibt es keine einfachen Regeln, die klar vorgeben, wie eine ethische Abwägung vorzunehmen ist. Es gibt allerdings doch ein paar Grundsätze, die es einzuhalten gilt (Beauchamp und Childress 2001, 19f.):

> Das Gut ist vorzuziehen, für das die besseren Gründe sprechen.

> Das bevorzugte Gut muss eine höhere Eintrittswahrscheinlichkeit haben.

Es gibt keine Alternative zur Verwirklichung des Ziels, die mit weniger Kosten verbunden ist.

Der Schaden hat die niedrigmöglichste Eintrittswahrscheinlichkeit.

Die negativen Effekte der Benachteiligung eines Gutes müssen so gering wie möglich gehalten werden.

Die Entscheidung der Abwägung muss unparteilich fallen." (Zichy et al. 2014, 27f.)

Auf Basis der Güterabwägung ist eine Entscheidung zu treffen – und zwar im vorliegenden Fall nicht zu einer abstrakten Frage wie „Nutztierhaltung 4.0 – ja oder nein", sondern zur Ausgangsfrage, die da lautete: „Soll ein Land wie Österreich oder Deutschland verstärkt öffentliche Gelder in die Hand nehmen, um die Erforschung und Entwicklung von Anwendungen einer ‚Nutztierhaltung 4.0' zu fördern?"

Diese Ausgangsfrage kann nun auf Basis der durchgeführten Diskussionsschritte differenziert beantwortet werden, so könnte eine Gruppe beispielsweise argumentieren: Nur bestimmte Anwendungen (z.B. jene, die zentralen moralischen Interessen gerecht werden, aber zugleich nicht bzw. nur bedingt von der freien Wirtschaft entwickelt werden, sollten durch öffentliche Gelder bewusst Förderung erhalten.)

Hierbei ist es in Gruppendiskussionen nicht unüblich, dass *kein* Konsens gefunden werden kann. In diesem Fall ist es sinnvoll wie ertragreich, die Gruppe beschreiben zu lassen, woran dieser Konsens gescheitert ist. Auch dies kann einen relevanten Erkenntnisgewinn zeitigen.

Das vorgestellte Diskussionsmodell ist als grober Entwurf zu verstehen. Es erhebt keinen Anspruch auf Vollständigkeit, aber soll doch dabei helfen, strukturiert zu debattieren, zentrale Betroffene zu identifizieren und

Orientierung darüber zu geben, welche entscheidenden Fragen in einer ethischen Beurteilung neuer Anwendungen eine Rolle spielen bzw. mit welchen Fragen in einer öffentlichen Debatte zu rechnen ist.

Weiterführende Reflexionsfrage

Wählen Sie zwei konkrete Anwendungen einer „Landwirtschaft 4.0" aus und versuchen Sie sich in einer stringenten ethischen Beurteilung anhand der vier Schritte.

---

10. Kapitel

Warum essen wir, was wir essen?

Dieses Kapitel stellt eine simpel klingende Frage: Warum essen wir eigentlich, was wir essen? Warum ekeln sich beispielsweise manche Menschen beim Gedanken an gegrillte Insekten, während ihnen bei anderen Gerichten das Wasser im Munde zusammenläuft? Dieses Thema ist für eine Landwirtschaft essentiell, die versteht, dass sie eben mehr zu leisten hat, als „bloß" Nahrungsmittel bereitzustellen: Sie agiert nicht im luftleeren Raum, sondern arbeitet und produziert in einem bestimmten gesellschaftlichen Setting – und daher sollte sie versuchen, dieses Setting zu verstehen.

Die gestellte Frage mag einfach klingen – die Beantwortung ist es freilich nicht. Im Vorliegenden allerdings wird der Versuch unternommen, die Antwort so simpel wie möglich zu halten. Genauer schlägt das Buch zwölf Kriterien vor (vgl. Tabelle 2):

Ebene I Eigene Interessen	1. Energie	2. Geschmack	3. Preis	4. Gesundheit
Ebene II Kultur	5. Gewohnheit	6. Status	7. Natürlichkeit	8. Essen in Gemeinschaft
Ebene III Moral	9. Umwelt	10. Klima	11. Tiere	12. Soziale Aspekte

Tabelle 2: Zwölf Kriterien „Warum wir essen, was wir essen"

Ebene I: Eigene Interessen

Bei der Frage der Ernährung geht es zuallererst um eigene Interessen, genauer darum, satt zu werden, gesund zu bleiben, sich sein Essen leisten zu können und so etwas wie Genuss zu erfahren.

#1 Energie

Nahrungsmittelaufnahme ist eine biologische Notwendigkeit. Dieser Punkt wird in einer Überflussgesellschaft fast übersehen, dennoch sei er hier bewusst an die erste Stelle gesetzt: Wir essen, um Nährstoffe und Energie zu gewinnen. Wird zu wenig Nahrung zu sich genommen, kommt es zu einer Mangelernährung, langfristig zum Tod. Diese offensichtliche Tatsache rückt nicht nur in den Hintergrund, da die Supermarktregale in aller Regel prall gefüllt sind, sondern auch, da immer weniger Menschen körperlich anstrengende Arbeit verrichten müssen. Nichtsdestotrotz bleibt die Energiezufuhr eine Notwendigkeit. Wenn Energie in den Fokus der Überlegungen rückt, etwa in akuten Krisenzeiten, steigen jene Nahrungsmittel an Ansehen, die viel Energie zu liefern imstande sind.

#2 Geschmack

Beim Essen aber geht es nicht nur um Energiezufuhr – es geht auch um Genuss. Wir essen das, was uns schmeckt, was uns Lust bereitet. Essen ist demnach für die allermeisten Menschen mit einem positiven Gefühl verbunden: „Essen ist (...) nicht allein auf die bloße Befriedigung eines physischen Bedürfnisses reduzierbar, dient nicht allein der Lebenserhaltung, sondern betrifft neben dem sinnlich-leiblichen auch das seelisch-geistige Wesen." (Meyer 2017, 15) Der griechische Philosoph Epikur nannte beispielsweise die Lust „Anfang und Ende des glückseligen Lebens" und betonte dabei im Besonderen die Bedeutung guten Essens: „Der Anfang und die Wurzel alles Guten ist die Lust des Bauches." (Zitiert nach de Botton 2018, 64f.)

#3 Preis

Da wir unsere Nahrungsmittel nicht selbst produzieren, sondern erstehen, geht es hierbei auch um die Frage des Preises: Was können wir uns leisten? Was wollen wir uns leisten? Unter diesem Kriterium soll auch die Verfügbarkeit verstanden werden, sprich: Welche Nahrungsmittel kann ich überhaupt kaufen, da sie in meinem Umfeld (z.B. in einem Supermarkt) vorhanden und für mich zugänglich sind?

Überlegungen zur so genannten „Konsumenten-Bürger-Kluft"[23] zeigen exemplarisch die Bedeutsamkeit des Preises beim Lebensmitteleinkauf. Die Wahrnehmung des finanziellen Aspekts darf jedoch nicht nur in diese eine Richtung gehen („Kann ich es mir leisten, dieses Produkt zu kaufen?"), vielmehr können bestimmte Nahrungsmittel auch bewusst als Luxusgut wahrgenommen werden: In diesem Fall gehört der teure Preis gewissermaßen zu einem positiven Erlebnis, das beschrieben werden kann mit den Worten „Das gönne ich mir jetzt!".

#4 Gesundheit

Dass Überlegungen zur eigenen Gesundheit beim Thema Essen eine Rolle spielen, ist wenig überraschend: Idealerweise helfen mir die Nahrungsmittel, die ich zu mir nehme, dabei, gesund und fit zu bleiben, d.h. sie sollen positive

---

[23] Die so genannte *citizen-consumer-gap* besagt wiederholend (vgl. Kapitel 2) folgendes: Als Bürgerin wünscht man sich z.B. mehr Tierwohl und besseren Klimaschutz, als Konsumentin ist man aber kaum bereit, für diese Werte auch tatsächlich mehr Geld auszugeben.

Auswirkungen auf meinen körperlichen Gesamtzustand haben. Zugleich müssen viele Menschen bei der Analyse der eigenen Essgewohnheiten festhalten, dass „Gesundheitsaspekte" keine tragende Rolle spielen. Daher soll dieses 4. Kriterium weiter präzisiert werden: Es geht hierbei nicht nur darum, dass Menschen lieber Lebensmittel essen, die sie als gesund für sich selbst erachten – eine „Nummer kleiner" wollen sie zumindest nicht den Eindruck haben, dass das, was sie da essen, extrem schädlich für sie sei.

Was als schädlich eingestuft wird und was nicht, ist hierbei höchst unterschiedlich und basiert sicherlich nicht (nur) auf wissenschaftlich validen Einschätzungen. Beispielhaft kann hier auf die Themen „Alkohol" oder „Grüne Gentechnik" verwiesen werden: Obwohl die gesundheitlichen Risiken des Alkoholkonsums wissenschaftlich gut dokumentiert sind, werden sie in der allgemeinen öffentlichen Wahrnehmung gemeinhin noch immer unterschätzt. Andersherum bei „Grüner Gentechnik": Während hier Studien zu den Gesundheitsrisiken keiner wissenschaftlichen Überprüfung standhielten, stimmten im Jahr 2010 ca. 70% der Deutschen der Aussage zu, dass gentechnisch veränderte Lebensmittel nicht gut für sie und ihre Familien seien (vgl. Eurobarometer 2010, 23). Allgemein kann als These hierzu formuliert werden: Je größer der Nutzen (zum Beispiel der Genuss) wahrgenommen wird, desto eher werden etwaige Risiken ausgeblendet oder schlicht in Kauf genommen.

Ebene II: Kultur

Essen hat nicht nur mit dem Individuum zu tun, vielmehr ist es in eine bestimmte Kultur eingebettet. Wir entscheiden demnach nicht höchst-individuell, was wir essen, vielmehr gibt es hier kulturelle Faktoren, die prägend sind.

#5 Gewohnheit

Zugespitzt formuliert: Wir essen das, was wir immer schon gegessen haben, und kochen die Rezepte, die in unseren Kochbüchern beschrieben sind. Etwas zurückhaltender gefasst: Essen hat viel mit Gewohnheit zu tun.

Im Zuge der Globalisierung mag es zu einem intensiven Austausch zwischen den Koch-Kulturen gekommen sein, so suchen Menschen heute bewusst das Exotische und die Abwechslung, dennoch lässt es sich nicht verleugnen, dass gerade der Alltag der Nahrungsmittelaufnahme schnell von Routinen durchzogen und geprägt ist. Achten Sie einmal selbst darauf, was Sie zu Hause kochen, was Sie im Restaurant bestellen oder wie Ihr Frühstück aussieht. Bei den allermeisten Menschen lassen sich hier häufige Wiederholungen erkennen – vielleicht auch dadurch geprägt, was einen als Koch, als Köchin am eigenen Herd nicht überfordert. Diese Wiederholungen werden dabei als Normalität wahrgenommen: Das, was wir immer wieder sehen und erleben, erachten wir meist als das „Normale". So lässt es sich nicht zuletzt erklären, dass gegrillte Insekten auf einem Teller die allermeisten Mitteleuropäer – zumindest gegenwärtig – erst einmal innehalten lassen, denn: Es ist für uns ein ungewohntes Bild.

#6 Status

Wenn Ihnen heute jemand erzählt, er isst jeden Tag zum Frühstück zwei Avocados und trinkt dazu eine vegane Soja-Milch, so hat diese Routine ein anderes Image als die Aussage „Ich esse jeden Tag Innereien vom Schwein". Damit soll keine Beurteilung einhergehen, welches Essen nun als hip, cool oder elitär wahrgenommen wird – und welches nicht. Das Beispiel soll vielmehr zeigen, *dass* Nahrungsmittel immer auch ein Statussymbol sind bzw. mit einem bestimmten Image verwoben sind.

Um das zu überprüfen, können Sie darüber nachdenken, welche typischen Konsumenten sie vor Augen hatten, als dieser Abschnitt mit den Beispielen begann: An wen haben Sie gedacht bei den zwei Avocados und der Soja-Milch? Wahrscheinlich an ein anderes soziales Milieu als bei den Innereien.

Nahrungsmittel haben demnach immer auch einen bestimmten Status. Dieser ist variabel, sprich, er ändert sich im Laufe der Zeit und zwischen den Kulturen. Was gestern ein typisches „Arme-Leute-Essen" war, kann morgen schon als exquisit gelten. Eine beispielhafte These hierzu: Heute gilt es in Mitteleuropa nicht mehr unbedingt als schick, zu sagen, man esse viel Fleisch. Während „Schnitzelesser" (oder deftiger: „Schnitzelfresser") für manche in Österreich und Deutschland mittlerweile regelrecht ein Schimpfwort ist, gilt Fleisch in asiatischen Ländern mehr und mehr als Zeichen des Wohlstands. Und Wohlstand will gezeigt werden.

Manche Menschen verwenden ihre Nahrungsmittelgewohnheiten bewusst dazu, um der Welt zu zeigen, wer sie sind. Denn genauso wurden Statussymbole immer verwendet: Statussymbole *sollen* etwas aussagen. Die neueste Mode sollte zeigen, dass man cool und modebewusst ist und dass man sich die schönen Kleider leisten kann. Das Sportauto sollte zeigen, dass man es beruflich geschafft hat und man ein abenteuerlustiger Typ ist. In diesem Sinne sollen auch oftmals unsere Essensgewohnheiten der Welt um uns herum etwas mitteilen. Die vegane Soja-Milch könnte zum Beispiel ein Symbol dafür sein, dass man Mitleid mit Tieren hat. Das Essen von exotischen Speisen soll eventuell Offenheit und Toleranz gegenüber anderen Kulturen zum Ausdruck bringen. Etc.

Spannend ist, dass derartige Statussymbole immer auch dazu dienen, um sich von anderen abzugrenzen. Dieser Gedanke passt in das Werk des französischen Philosophen Pierre Bourdieu (1930-2002): Laut Bourdieu drücken Menschen ihre Klassenzugehörigkeit über einen bestimmten Habitus aus, um sich von anderen Klassen zu unterscheiden. Um ein Beispiel aus vergangenen Jahrzehnten zu bringen, das sich bei Bourdieu findet: Die Elite hörte damals Oper und grenzte sich damit bewusst vom „einfachen Volk" ab, denn dieses hörte Schlagermusik.

Mit Blick auf die Gegenwart bzw. Zukunft stellt sich die Frage, ob Essen nun ein zentrales Instrument der Selbstverwirklichung und Identitätsbestimmung ist. Ein mögliches zukünftiges Szenario könnte dabei sein: „Die Elite isst wenig Fleisch – (denn) das einfache Volk isst Schnitzel." Diesbezügliche Tendenzen sind jedenfalls bereits gegenwärtig vorhanden.

#7 Natürlichkeit

Natürlichkeit ist ein komplexer Begriff, denn: Was ist Natur? Was ist natürlich? Diese Fragen stellen sich vor allem in einer Welt, in der es kaum mehr unberührte Natur gibt. So gut wie alles, was uns umgibt, seien es die Haus- und Nutztiere, die Wälder, die Flüsse, die Felder, die Gärten, die Parks, die Pflanzen, sind maßgeblich vom Menschen mitgestaltet. Entsprechend lässt sich kaum sagen, was „natürlich" ist – und was nicht. Die Dinge, denen wir in unserem Alltag begegnen, lassen sich diesen beiden Extrempolen bloß graduell zuordnen.

Nichtsdestotrotz – oder gerade deswegen? – muss festgehalten werden, dass das Kriterium der „Natürlichkeit" in vielen Debatten extrem wichtig ist. Was als „natürlich" gilt, hat – frei nach Birnbacher (2006) – einen „moralischen Alltagsbonus", wird also assoziativ mit dem „Guten" verbunden; was als „unnatürlich" gebrandmarkt ist, steht hingegen unter Rechtfertigungsdruck. Dies gilt auch und besonders für Nahrungsmittel: Das so genannte

Laborfleisch erscheint vielen Menschen beispielsweise „unnatürlicher" als ein Steak; Genome Editing wirkt auf viele „unnatürlicher" als die klassische Pflanzenzucht.

Entsprechend wird versucht, Lebensmittel als besonders „naturnah" und „natürlich" zu verkaufen. Was aber wird als natürlich wahrgenommen? Meine eigene kurze Antwort auf diese Frage lautet: Wer „Natürlichkeit" sagt, meint oft „Vertrautheit". Es ist das „natürlich", was sich „bewährt" hat. Damit gibt es hier Anknüpfungspunkte zum Kriterium der Gewohnheit, wie es weiter oben diskutiert wurde.

Um aber auch eine ausführlichere Antwort auf die Frage zu geben, was als „natürlich" erscheint, soll der deutsche Philosoph Dieter Birnbacher zitiert werden. Dieser unterscheidet zwischen einer genetischen und einer qualitativen Natürlichkeit (vgl. Birnbacher 2006, 7ff.):

(1) Natürlichkeit in einem *genetischen* Sinn meint die Bedingungen der Entstehung einer Entität[24]. Genauer wird hier, so Birnbacher, nach folgenden Dimensionen beurteilt: (a) Hinsichtlich der *Eingriffstiefe* wird darauf geachtet, auf welcher Ebene der Mensch die natürliche Entität verändert. Schneidet man einer Pflanze ein Blatt ab oder verändert man ihren genetischen Bauplan? Je tiefer die Ebene liegt, auf der sich der künstliche Eingriff vollzieht, desto unnatürlicher erscheint uns in aller Regel die Entität – das entsprechende Wissen um den Eingriff vorausgesetzt.

---

[24] Wiederholend: „Entität" ist ein Begriff der Philosophie (genauer ein Grundbegriff der Ontologie) und meint etwas, das existiert, ein Seiendes. Man könnte also auch „Ding" sagen, allerdings weckt „Ding" oftmals Assoziationen mit einem leblosen Gegenstand. Eine Entität kann beides sein, lebendig oder leblos.

(b) Hinsichtlich der *Dichte der Wechselwirkungen* wird gefragt, in welcher Intensität die Beeinflussung durch den Menschen vorliegt. Erfolgt der Eingriff nur kurz oder dauerhaft? Zuchtprodukte, die der Mensch zwar wesentlich gestaltet hat, die uns aber seit geraumer Zeit in diesem gezüchteten Erscheinungsbild entgegentreten, gelten dabei als natürlicher als „jüngere" (vgl. Birnbacher 2006, 12). Vergleicht man beispielsweise die heute gängige Erscheinungsform des Maises mit dem Wildgras *Teosinte*, das als wilder Vorfahre des Maises gilt, so wäre es naheliegend, dem Mais eine hohe Unnatürlichkeit zuzusprechen. Da der Mais aber seit geraumer Zeit seine heutige Erscheinungsform aufweist und die maßgebliche phänotypische Veränderung lange zurückliegt, schwächt sich seine Wahrnehmung als unnatürlich entsprechend ab. Implizit enthalten ist hierbei der Gedanke, dass für die Bewertung von Natürlichkeit *Vertrautheit* ein entscheidender Faktor ist: Was einem öfter und bereits seit längerer Zeit unter die Augen kommt, gilt als natürlicher.

(c) Hinsichtlich der *Intentionalität des Eingriffs* stellt sich schließlich die Frage nach dem Ausmaß, in dem die Eingriffe „bewusst gewollt und angezielt sind" (Birnbacher 2006, 10). Ein großer Teil der menschlichen Beeinflussung der Natur geht auf *nicht-intendierte* Nebenfolgen zurück – und denen wird oftmals eine höhere Natürlichkeit zugesprochen als gezielten Manipulationen.

(2) Natürlichkeit in einem *qualitativen* Sinn meint die Beschaffenheit und Erscheinungsform einer Entität (vgl. Birnbacher 2006, 13ff.). (a) Hinsichtlich der *Form* wird hierbei auf das Aussehen geachtet: Eine künstliche Blume, die einer Wildblume zum Verwechseln ähnlich sieht, wird für natürlicher gehalten als eine andere.

(b) Hinsichtlich des *Materials* gilt beispielsweise ein Gegenstand aus Plastik als unnatürlicher als ein Gegenstand aus Holz oder anderen naturnahen Ressourcen. (c) Hinsichtlich der *Funktionsweisen* wird die Frage gestellt, in welchem Maße die Funktionen der Entität als natürlich gelten. Eine sprechende Pflanze würde hier für mehr Irritationen sorgen als eine doppelt so schnell wachsende. (d) Schließlich wird hinsichtlich der *raumzeitlichen Dimensionalität* die Frage gestellt, wie die Ausmaße der Entität bestimmt sind. Eine „Drei-Meter-Maus" gilt dabei mit hoher Wahrscheinlichkeit als unnatürlicher als ein Exemplar in üblicher Größe. (Birnbachers Beispiele hinsichtlich der qualitativen Natürlichkeit gewinnen an Plausibilität, wenn man den zuvor dargelegten Faktor der Vertrautheit ins Spiel bringt.)

Zusammenfassend: Wir leben in einer Welt der „Biofakte" (vgl. Kapitel 8): Das, was wir „Natur" nennen, ist in der Regel maßgeblich vom Menschen gestaltet. Trotzdem/Deswegen ist „Natürlichkeit" für viele Menschen ein entscheidendes Kriterium – gerade bei der Auswahl ihrer Lebensmittel. Was als „natürlich" wahrgenommen wird, hat einen Bonus.

#8 Essen in Gemeinschaft

Der griechische Philosoph Epikur (341-271 v. Chr.) schrieb: „Man hat eher darauf zu achten, mit wem man esse und trinke, als was man esse und trinke. Denn ohne Freund ist das Leben eine Abfütterung des Löwen und des Wolfes." (Zitiert nach de Botton 2018, 73)

Epikur spricht hierbei einen bedeutsamen Aspekt an: Essen geschieht oft in Gemeinschaft. Und das nicht nur zufällig: Wir schätzen das Essen in Gemeinschaft – außer in Ausnahmen, die wir hier nicht erwähnen wollen. Es gibt kaum Schöneres als einen gelungenen Abend mit Freunden bei anregenden Gesprächen und gutem Essen und Trinken. Echter Genuss, um an Kriterium #2 anzuschließen, will alleine fast nicht gelingen, sondern braucht eine Tischgesellschaft. Entsprechend kochen wir gerne für andere, ja, kochen macht vielen Menschen erst wirklich Spaß, wenn sie nicht nur für sich selbst kochen. Und wir essen oftmals, was andere für uns zubereiten.

Ebene III: Moral

Es ist ein Zeichen unserer Zeit, dass wir „Essen" nicht nur mit Blick auf den persönlichen Genuss diskutieren – sondern auch in moralischer Perspektive. Unsere Essgewohnheiten haben Auswirkungen auf Umwelt, Klima, Tiere und jene Menschen, die diese Nahrungsmittel herstellen. Entsprechend kann ein bestimmtes Nahrungsmittel moralisch als „gut" erscheinen – und ein anderes als „bedenklich" bis „verwerflich".[25]

#9 Umwelt

Wie in Kapitel 4 besprochen, erhoffen sich Menschen, dass in der Produktion ihrer Nahrungsmittel bewusst und aktiv Umweltschutz betrieben wird. Dieses Ziel kann eine essentielle Wertvorstellung unserer Gesellschaft genannt werden. Entsprechend wird gefragt: Wie wirkt sich die Produktion von dem, was hier auf meinem Teller liegt, auf Boden, Wasser, Luft und Biodiversität aus? Produkte, die hier Argumente liefern können, warum sie eine gute Umweltbilanz haben, weisen – gerade mit Blick auf eine wertebewusste Klientel – entsprechende Verkaufsargumente auf – und, so meine These, haben gegenwärtig einen höheren gesellschaftlichen „Status".

---

[25] Inwieweit derartige Forderungen eine „Luxusdebatte" darstellen und ob die Bürgerin überhaupt bereit ist, für diese Werte auch Geld auszugeben, wurde u.a. in Kapitel 1 und 2 diskutiert.

#10 Klima

Die Forderung eines verstärkten Klimaschutzes spielt in der gegenwärtigen moralischen Beurteilung von Nahrungsmitteln eine entscheidende Rolle. Auch dieser Punkt wurde bereits in Kapitel 4 diskutiert. Exemplarisch kann der Fleischkonsum genannt werden, der aktuell nicht nur tierethisch debattiert wird (also: Dürfen wir Tiere halten, um sie zu essen?), sondern auch mit Blick auf das Klima: Wie wirkt sich der Fleischkonsum, der global gesehen im Steigen ist, auf die Klimakrise aus? Was bedeutet dies im Besonderen für nachfolgende Generationen? Nahrungsmittel mit einer schlechten Klimabilanz laufen gegenwärtig Gefahr, an „Status" zu verlieren.

#11 Tiere

Die „klassische" Ethik fragte viele Jahrhunderte lang danach, welchen moralischen Umgang wir unseren Mitmenschen schulden. Wie aber sieht es mit den Tieren aus? Haben auch Tiere moralisch begründete Rechte? Dürfen wir sie halten, um sie zu schlachten und zu essen? Wenn nein: Wie können wir aus der Nutztierhaltung am effizientesten aussteigen? Wenn ja: Welche Bedingungen schulden wir den Tieren vor der Schlachtung? Genügt es, wenn ein Tier weitgehend leidensfrei gehalten wird? Oder braucht es mehr als das, damit wir von einem „guten Leben" eines Tiers sprechen dürfen? All diese Debatten (vgl. dazu Kapitel 5) werden zurzeit prominent geführt. Die Frage, welche Nutztierhaltung wir als Gesellschaft verantworten können und wollen, ist dabei, als Thema die gesellschaftliche Mitte zu erreichen. Damit einhergehend werden Nahrungsmittel entsprechend moralisch beurteilt – was wiederum bedeutet, dass ihr „Status" davon beeinflusst wird.

Eine weitere Facette sei hierbei ergänzt: Mit Blick auf die vergangenen Jahrhunderte zeigt sich, dass Tiere heute „anders" gegessen werden als früher.

Darauf weist der Soziologe Norbert Elias (1897-1990) hin. Er beschreibt frühere Tischsitten mit den Worten:

> „Nicht nur ganze Fische, ganze Vögel, z. T. mit ihren Federn, sondern auch ganze Hasen, ganze Lämmer und Kalbsviertel erscheinen auf der Tafel, zu schweigen von dem größeren Wildbret oder den am Spieß gebratenen Schweinen und Ochsen." (Elias, 1988, 159)

Erst ab dem 17. Jahrhundert setzte – ausgehend von den gesellschaftlichen Oberschichten – jener Prozess ein, der auch unsere gegenwärtige Situation kennzeichnet: Das Tier wird nicht mehr als Ganzes serviert, sondern wird vorher zerteilt. Elias hierzu pointiert:

> „Heute würde es bei vielen Menschen ein ziemlich unbehagliches Gefühl erwecken, wenn andere oder sie selbst bei Tisch halbe Kälber und Schweine zerlegen oder von einem mit Federn geschmückten Fasan das Fleisch abschneiden müssten." (Elias 1988, 161)

Es ist, als will man nicht zu sehr daran erinnert werden, dass es tatsächlich einmal ein Tier war, das da nun auf dem Teller liegt. Was zu sehr an eine tierische Herkunft erinnert, man denke an Augen, Hoden, Innereien oder Zunge, wurde in den vergangenen Jahrzehnten vielleicht deswegen – und nicht nur, weil sich der Geschmack geändert hat – mehr und mehr zum gastronomischen Exoten und ist mittlerweile fast ganz von den Speisekarten verschwunden. Im Gegenzug feiern gerade jene Fleischprodukte wie etwa Hamburger, Wurst oder Döner die größten Erfolge, die schon durch ihre artifizielle Form nur noch wenig mit einem Tier gemein haben.[26]

---

[26] Freilich gibt es mit Blick auf das Verschwinden des geschlachteten Tiers Ausnahmen – wie etwa das Braten eines Spanferkels. Zubereitungen dieser Art werden jedoch zunehmend mit einer Aura der Folklore und des Nicht-Alltäglichen assoziiert. Wer an ein Spanferkel denkt, hat oft schon ein „Mittelalterfest" vor Augen.

#12 Soziale Aspekte

Schließlich kann auf der moralischen Ebene nicht nur nach den Auswirkungen auf Umwelt, Klima und Tiere gefragt werden, sondern auch: Welche Konsequenzen zeitigt das Essen auf meinem Teller für die Menschen, die in der Produktion dieser Nahrung tätig sind? Beispielhaft: Werden die Bauern und Bäuerinnen fair bezahlt? Wie steht es um die so genannten Erntehelfer? Oder die Mitarbeiter am Schlachthof? Hierbei geht es nicht nur um den Lohn, sondern auch um die Arbeitsbedingungen wie um das soziale Ansehen dieser Berufe.

Die Frage nach den sozialen Konsequenzen für die Berufsangehörigen ist mit Blick auf dieses letzte Kriterium aber nicht die einzige, vielmehr kann auch gefragt werden: Welche sozialen Auswirkungen hat die Nahrungsmittelproduktion insgesamt? Um auch hierfür ein Beispiel zu geben: Landwirtschaft hat zahlreiche nicht-intendierte Folgen, also Konsequenzen, die zwar nicht unmittelbar beabsichtigt sind, die sich aber dennoch aus der Arbeit ergeben. So pflegen Milchbauern und ihre Kühe die Kulturlandschaft, die viele als schön empfinden. Die zuvor als Beispiel gebrachte Soja-Milch oder auch das Fleisch aus dem Labor hat – Stand jetzt – keine derartigen positiven Folgen für das Landschaftsbild. Eher ist davon auszugehen, dass deren Produktion sich nicht im hiesigen ländlichen Raum abspielt. Derartige nicht-intendierte soziale Konsequenzen der Nahrungsmittelproduktion sind schwer abzuschätzen und kaum zu benennen: Was passiert mit dem ländlichen Raum, wenn sich die gegenwärtige Landwirtschaft nicht mehr rechnet? Auch diese Aspekte sind jedoch in einer Beurteilung zu berücksichtigen.

Vergleich und Diskussion

Die vorgestellten Kriterien sollen nicht zuletzt einen Vergleich ermöglichen: Wo steht das Nahrungsmittelprodukt, das ich herstelle, im Vergleich zu anderen? Wo weist es Pluspunkte auf? Und wo steht es eventuell in der Kritik? Diese Fragen sind sowohl ethisch wie auch strategisch relevant.

Man denke exemplarisch an die viel diskutierte Alternative zum „klassischen" Fleisch, nämlich an das so genannte „Laborfleisch". Werden Menschen dieses neue Produkt annehmen und schätzen, also essen und kaufen? Ich persönlich rechne damit, dass die erste Ebene hierbei die entscheidende ist: *Wenn* das Laborfleisch satt macht (davon ist auszugehen), schmeckt (hierbei ist vor allem die Konsistenz eine Schwierigkeit; in stark verarbeiteten Produkten aber spielt diese eine bloß untergeordnete Rolle), preislich leistbar ist (wird die Zukunft zeigen) und keine besonderen Risiken mit ihm verbunden sind (dieser Aspekt ist, wie diskutiert, kaum zu prognostizieren, da die Risikowahrnehmung nicht auf wissenschaftlicher Datenlage alleine erfolgt: Nehmen die Menschen „Laborfleisch" beispielsweise als „hoch unnatürlich" wahr – und damit als potentiell gefährlich? Oder als kontrolliertes, gut untersuchtes Produkt?), *dann* stellt es für viele Verbraucherinnen und Verbraucher wahrscheinlich in der Tat eine spannende Alternative dar. Denn wenn die erste Ebene überzeugt, kippen Kriterien wie „Gewohnheit" oder „Natürlichkeit" möglicherweise äußerst schnell: Was für die eine Generation noch ekelig ist, kann für die nächste bereits Normalität sein.

Und mit dem Hinweis darauf, dass für die Produktion von „Laborfleisch" keine (oder kaum) Tiere verwendet werden müssen, hat man in der Tat ein starkes Argument in der Hand, denn: Selbst der größte Fleischliebhaber isst nicht Fleisch, *weil* er will, dass Tiere geschlachtet werden – sondern er isst es *trotzdem.* Wenn er aber die Wahl hat zwischen zwei Burgern, die gleich schmecken, denselben Preis haben, gesundheitlich dieselben Folgen aufweisen, für den einen Burger aber musste ein Rind geschlachtet werden – und für den anderen nicht... ist dann nicht davon auszugehen, dass sich der Burger am Markt durchsetzt, für den keine lebendige Kreatur geschlachtet wurde? Und zwar nicht nur bei jenen Menschen, die sich als „Tierrechtler" verstehen, sondern eben auch bei Fleischliebhabern, die bislang kein moralisches Problem mit dem Genuss von Fleisch hatten?

Noch nicht in Erwägung gezogen wurden dabei allerdings die anderen Kriterien der moralischen Ebene: Wie sieht es mit der Umwelt- und Klimabilanz des „Fleischlabors" aus? Ist diese tatsächlich besser als beim „klassischen" Fleisch? Ist es uns lieber, Tiere kommen erst gar nicht auf die Welt, um danach verspeist zu werden? (vgl. Kapitel 5) Und was macht es mit unseren ländlichen Regionen bzw. der Nahrungsmittelversorgung insgesamt, wenn Fleisch eher aus dem Labor und weniger aus dem Stall oder der Weide kommt? Auch diese Fragen werden zu berücksichtigen sein.

Weiterführende Reflexionsfrage

Versuchen Sie sich in einem Vergleich von verschiedenen Nahrungsmitteln anhand der zwölf vorgestellten Kriterien. Wählen Sie selbst ein Beispiel oder verwenden Sie das folgende: (1) Insekten, (2) klassisches Fleisch (beispielsweise vom Schwein, Rind, Geflügel), (3) „Laborfleisch".

---

11. Kapitel

Mehr Kommunikation – aber wie?

Dieses Kapitel unterscheidet sich vom bisherigen Buch, und dies gleich in zwei Punkten: (1) Wir verlassen das Gebiet der Ethik und betreten den Boden der Kommunikation: Welche Schlüsse lassen sich unter anderem aus dem bisher Gesagten für die Agrarkommunikation ableiten? (2) War das Buch bisher weitgehend beschreibend gehalten, sind im Folgenden ausgewählte Thesen zu lesen, die meine *persönliche* Meinung wiedergeben.

#1 Nicht „zu schnell" an Kommunikation denken

Grundsätzlich scheint mir der Agrarsektor eher „zu schnell" über Fragen der Kommunikation nachzudenken. Diskutiert man mit Branchenvertretern beispielsweise über Themen wie „Tierwohl" oder „Klimaschutz", geht es in der Regel bald um Marketing und Kommunikationsstrategien und weniger um die genannten Themen selbst. Davor ist zu warnen. Ein „Wir machen weiter wie bisher, verpacken es aber marketingtechnisch schöner" wird den beschriebenen Erwartungen und Herausforderungen nämlich nicht gerecht. Vor jeglicher Kommunikation muss denn eine ethische (Selbst)Reflexion betrieben werden. Erst *nach* diesem Nachdenkprozess können die Fragen der Kommunikation folgen.

#2 Kritische Medien sind eine wichtige Instanz

Je weniger Menschen mit Landwirtschaft unmittelbar in Kontakt kommen, desto wichtiger wird die Rolle der Medien. In Gesprächen und Diskussionsrunden auf landwirtschaftlichen Veranstaltungen zeigt sich dabei immer wieder eine große Unzufriedenheit. Journalistinnen und Journalisten seien unfair; würden nur über Skandale berichten und nicht über das Viele, das gut liefe; ihr Denken wäre anhand einer bestimmten Ideologie ausgerichtet etc.

Bei aller notwendigen Kritik an der konkreten journalistischen Arbeit sollten entsprechende Debatten nicht in ein pauschales „Medienbashing" ausarten. Dies aus zwei Gründen: (1) Medien sind eine wichtige kritische Instanz in jeder offen, demokratischen Gesellschaft – und es ist mehr als nur zu hoffen, dass sich Landwirtinnen und Landwirte einer solchen Gesellschaft zu 100% verpflichtet fühlen. Wer Medien pauschal (oftmals mit Verschwörungstheorien angereichert) als „Lügenpresse" bezeichnet, steht im Verdacht, die Grundwerte unserer Gesellschaft aufgegeben zu haben. Wo Demokratie herrscht, dort braucht es nämlich kritische Medien, dort kann es keine „Hofberichterstattung" geben. Medien sind demnach nicht dazu da, um Ihre Botschaft in Ihrem Sinn unters Volk zu bringen. Das wäre Öffentlichkeitsarbeit, Public Relations (PR). Medien sind vielmehr eine kritische Instanz, die gerade dann aufmerksam wird, wenn etwas *nicht* rund läuft. Dies gilt nicht nur mit Blick auf die Landwirtschaft, sondern – so die Hoffnung – auf *alle* Lebensbereiche.

(2) Pragmatisch ist darauf hinzuweisen, dass es „die Medien" nicht gibt. Es existiert großartiger Journalismus (der beispielsweise Meinung und Bericht klar trennt) wie auch ein „Journalismus" existiert, der diesen Begriff eventuell kaum verdient.[27]

---

[27] Guten Journalismus erkennt man meines Erachtens u.a. daran, dass zuerst die Fakten und die unterschiedlichen Perspektiven *aller* Beteiligten recherchiert werden und erst aus dieser Recherche die (komplexe) „Geschichte" entsteht – nicht umgekehrt, wie es auch manchmal der Fall ist, wenn eine Journalistin, ein Journalist die Story samt klarer Botschaft bereits im Kopf hat und sich diese nicht durch eine zu komplexe Realität „kaputt" machen lassen

#3 Die Themenauswahl von Medien verstehen

Eine berühmte These der Kommunikationswissenschaft – die sogenannte Agenda-Setting-Hypothese (vgl. Burkart 2002, 248) – besagt: Medien beeinflussen nicht so sehr, *was* Menschen über bestimmte Themen denken; jedoch bestimmen sie weitgehend, *über welche Themen* die Menschen reden und diskutieren. Daher lohnt der Versuch, besser zu verstehen, über welche Themen Medien eigentlich berichten.

Stellen wir uns dazu eine Journalistin vor. Diese wird jeden Tag von Informationen überflutet: Presseaussendungen, Anrufe von Menschen, Polizeimeldungen etc. Nicht jedes Thema kann es in die Zeitung oder in die Sendung schaffen, vielmehr *muss* die Journalistin auswählen, was als Nachricht taugt – und was eher nicht. Kommunikationswissenschaftlich spricht man hierbei vom Journalismus als „Gatekeeper", also als Schleusenwärter (vgl. Burkart 2002, 276ff.). Schon vor hundert Jahren hat sich die Forschung darum bemüht, hierbei ein Muster zu erkennen: Welches Thema schafft es eher in die Zeitung/Sendung?

Die entsprechende Theorie geht vom so genannten „Nachrichtenwert" aus (vgl. Burkart 2002, 279ff.): Je mehr „Nachrichtenwerte" eine Geschichte aufweist, desto wahrscheinlicher ist es, dass sie in den Medien einen prominenten Platz einnimmt und sich auch einige Zeit in der Berichterstattung hält. Was sind nun essentielle Nachrichtenwerte? Zu nennen sind hier – beispielsweise nach einer sehr frühen Arbeit von Warren (1934) – die folgenden:

---

möchte. Es braucht hierbei auch mehr Medienethik, die Journalistinnen und Journalisten stets dazu auffordert, ihr eigenes Tun kritisch zu hinterfragen – genau wie Landwirtschaftsethik dies von Landwirtinnen und Landwirten fordert.

1. Neuigkeit: Eine *neue* Meldung taugt eher als Nachricht als etwas, das schon zig Mal in der Zeitung stand.

2. Nähe: Geschieht die Geschichte bei uns vor Ort, ist sie für die Leserin, den Leser relevanter als dieselbe Story irgendwo in Asien.

3. Tragweite: Wie groß sind die Konsequenzen der Geschichte? Betrifft sie nur einen Landkreis, nur einen Bezirk, oder beispielsweise das ganze Land? Je größer die Tragweite, desto eher landet die Story auf der Titelseite.

4. Prominenz: Geschichten rund um prominente Menschen taugen eher als Nachricht. Deswegen steht über die Scheidung einer Schauspielerin durchaus etwas in den Zeitungen – während die Scheidung Ihres Nachbarn medial wahrscheinlich keine Rolle spielt.

5. Dramatik: Je dramatischer und spannender eine Geschichte, desto eher taugt sie als Meldung. Der Einsatz der Feuerwehr in einem brennenden Haus ist daher eher auf der Titelseite als der Feuerwehrball.[28]

6. Kuriosität: Je ungewöhnlicher die Meldung, desto berichtenswerter. „Hund beißt Briefträger" ist demnach keine gute Geschichte, denn sie wirkt zu gewöhnlich. „Briefträger beißt Hund" hingegen schon.

7. Konflikt: Wo sich zwei streiten, dort wird berichtet. Konflikte liefern Spannung und Drama; Konsens und gemeinsames Vorgehen nicht.

8. Sex: *Sex sells*. Mehr braucht man dazu nicht zu sagen.

9. Gefühle: Je emotionaler eine Story, desto besser. Wenn an einem Tag zwei Hunde in einer Gemeinde verschwinden, und die erste Familie sagt „Ach, der wird schon wieder auftauchen"; während die zweite weinend zu Protokoll gibt: „Der Hund ist unser Leben! Wir werden

---

[28] Wobei, wenn dieser Scherz erlaubt ist: Das hängt davon ab, wie Ihre Feuerwehr und die Gäste feiern.

keine Sekunde schlafen, bis er wieder da ist", so stellt die zweite Familie medial gesehen die bessere Story dar.

10. Fortschritt: Schließlich taugen auch Innovationen als Nachricht.

Nun könnte man auf Basis dieser zehn beispielhaften „Nachrichtenwerte" Medien verurteilen. Oft gehört ist z.B. die Medienschelte: „Die berichten ja nur, wenn etwas Negatives passiert!" Ist derartige Kritik aber adäquat? Es lässt sich nämlich mit guten Gründen behaupten: „Die zehn Faktoren beschreiben wie Medien arbeiten – weil wir Menschen so sind. Weil wir als Leserinnen und Leser eben eher Dramatik, Konflikt und Kurioses wollen, sind derartige Geschichten auf den Titelseiten. In anderen Worten: Wir haben die Zeitungen, die wir verdienen."

Das bedeutet wiederholend nicht, dass es keinen qualitativen Unterschied zwischen verschiedenen Formen von Journalismus gibt. Es existiert in der Tat eine merkbare Differenz zwischen einer Boulevard-Geschichte, die zuspitzt, Perspektiven weglässt und nicht recherchiert – und einem Artikel, der sich um Ausgewogenheit bemüht und versucht, die Komplexität eines Sachverhalts adäquat darzustellen.[29] Die Art und Weise, *wie* über bestimmte Themen berichtet wird, ist demnach hoch unterschiedlich – die grundsätzliche *Themenauswahl* hingegen ist es weniger.

Blickt man etwa auf so genannte landwirtschaftliche Skandale, zeigt sich, warum Landwirtschaft als mediales Thema so beliebt ist. Um ein Beispiel zu nennen: Ein Bild von verwahrlosten Kühen in einem verdreckten Stall ist geographisch nahe, besitzt Tragweite (es geht um unser Essen, es geht um

---

[29] Wenn sich Bäuerinnen und Bauern über die Qualität von Medien ärgern, sollten sie bewusst guten Journalismus unterstützen – und zwar nicht nur mit Blick auf landwirtschaftliche Themen, sondern grundsätzlich.

Tiere) und Dramatik und spricht die Gefühle an: „Die armen Kühe. Der böse Bauer." Anders formuliert: Ein landwirtschaftlicher Skandal ist als Abweichung von der Normalität für die Medien ein ergiebiges Thema: „Dramatische, emotional erregende Sachverhalte (Unglücksfälle, Verbrechen, Kuriositäten, Konflikte, Krisen, etc.) werden besonders stark in den Vordergrund der Berichterstattung gerückt." (Burkart 2002, 280)

Dass Medien über derartige Geschehnisse prominent berichten, sollte einen demnach nicht erstaunen – und wer diesen grundsätzlichen Mechanismus ändern möchte, verschwendet wohl nur seine Lebenszeit. Vielmehr muss es darum gehen, auf etwaige Kritik adäquat zu antworten – und ansonsten selbst kommunikativ zu werden. Man denke beispielhaft an die sozialen Netzwerke: Auf Twitter, Facebook oder Instagram fällt die Journalistin als „Schleusenwärterin" nämlich weg. Die Landwirtin, der Landwirt kann dort auf direktem Wege mit der Verbraucherin und dem Verbraucher kommunizieren.

#4 Gefordert ist der einzelne Landwirt, die einzelne Landwirtin

Der durchschnittliche Bürger kommt mit Landwirtschaft meist nur in zwei Formen in Kontakt: Als Skandal auf den Titelseiten der Zeitungen – und als Idylle im Agrarmarketing. Umso wichtiger ist die Begegnung mit der Vielfalt der Landwirtschaft, wie sie tatsächlich stattfindet. Hierfür braucht es im Besonderen das Bemühen der einzelnen Landwirte und Landwirtinnen. Warum?

In einer Umfrage des Allensbacher Archiv (ifD-Umfrage, Bundesrepublik Deutschland, Bevölkerung ab 16 Jahren) wurden Bürgerinnen und Bürger gefragt: *Denken Sie an den deutschen Landwirt, die deutsche Landwirtin allgemein…*

verstehen diese etwas von ihrem Beruf? 71% der Befragten haben dies bejaht.[30] Wenn man die Frage ähnlich, aber doch anders stellt, verändert sich der Wert deutlich, und zwar: *Denken Sie an einen deutschen Landwirt, eine deutsche Landwirtin, die Sie persönlich kennen... versteht dieser/diese etwas von seinem/ihrem Beruf?* Hier stimmen 90% zu.

Wie ist das zu verstehen? Eine mögliche Interpretation lautet: Wenn man aufgefordert wird, an einen Berufsangehörigen zu denken, den man persönlich kennt, denkt man einen, der sein „Salz wert ist" – und in diesem Fall ist man pauschalen Verurteilungen gegenüber nicht mehr so anfällig. Wenn eine Boulevard-Zeitung beispielsweise wieder einmal behauptet, Lehrer seien faul und ergreifen diesen Beruf nur, weil sie lange Sommerferien wollen, und Sie kennen eine engagierte Lehrerin, die für ihren Job alles gibt, dann können Sie diese Boulevard-Überschrift als das einordnen, was sie ist: Ein pauschales Urteil, das vielen Lehrerinnen und Lehrern nicht gerecht wird.

Was ist die Konsequenz derartiger Umfragen? Zwei Schlüsse sollen genannt werden. (1) Der einzelne Bauer, die einzelne Bäuerin hat in der Regel ein besseres Image als jeder Verband. Das liegt nicht unbedingt am konkreten Agieren der Verbände, sondern das kann durchaus typisch für die Gegenwart insgesamt genannt werden: Bürgerinnen und Bürger bringen Institutionen – denken Sie an Parteien oder Konzerne – mehr Misstrauen entgegen als einzelnen Menschen.

(2) Die Studie zeigt darüber hinaus: Es macht einen Unterschied, ob ein Bürger einen Landwirt persönlich kennt – oder nicht. Mit Blick auf die Kommunikationsbemühungen braucht es daher einen Mix. Kommunikation

---

[30] Polemisch gefasst war die Antwort in Gedanken eventuell: „Ich verstehe zwar *mehr* von ihrem Beruf, aber sie verstehen auch etwas."

über Landwirtschaft ist nicht etwas, das nur die Verbände und Bünde angeht. Der angesprochene Mix fordert *verschiedene* Akteure und Formate: Neben massenmedialen Kampagnen (also Fernsehwerbung, Radio, Internet, Plakate etc.), die der Verband planen und durchführen mag, braucht es ebenso und besonders die Kommunikation des einzelnen Landwirts, der einzelnen Landwirtin mit „der Gesellschaft".

Gerade wenn es um *Werte* geht, ist nichts so effektiv wie die persönliche Begegnung. All die Bemühungen wie „Tag der offenen Stalltür", die Gespräche mit Spaziergängern oder mit Kundinnen im Hofladen, die Initiativen mit Schulklassen, die Teilnahmen an Podiumsdiskussionen... all diese Dinge sind (auch wenn sie im Vergleich zu Massenmedien nur wenige Menschen erreichen) von besonderer Bedeutung.[31]

Wenn Landwirtinnen und Landwirte die Sehnsucht nach einem besseren Image oder einem konstruktiveren Dialog mit „der Gesellschaft" aufweisen, so sind sie demnach gut damit beraten, im persönlichen Umfeld diesen Dialog selbst zu beginnen – und nicht zu erwarten, dass alle Kommunikation vom Verband ausgeht. Das bedeutet jedoch nicht, dass Verbände damit überflüssig werden, im Gegenteil: Verbände gewährleisten Stabilität, Langfristigkeit und das Potential politischer Einflussnahme. Gerade mit Blick auf die Kommunikation braucht es daher ein Ineinandergreifen von Person und Organisation.

---

[31] Kommunikation ist anstrengend und zeitraubend. Hat der Landwirt nicht ohnehin schon einen zeitintensiven Job, der ihn fordert? Mit Sicherheit. Diese These plädiert auch nicht dafür, dass *jede* Landwirtin, jeder Landwirt nun notwendigerweise damit beginnen muss, intensiv Kommunikation mit dem Umfeld zu betreiben. Aber jene Kolleginnen und Kollegen, die genau dies tun, haben eventuell ein Schulterklopfen verdient.

#5 Die Bedeutung von Vertrauen

Die Konsumentinnen und Konsumenten haben von der konkreten landwirtschaftlichen Arbeit meist wenig Ahnung. Nicht nur, weil sie wenig Wissen und wenig Bezug aufweisen, sondern auch, weil die diesbezüglichen Fragen durchaus komplex sind. Wer keine oder wenig Ahnung hat, der muss... vertrauen. Dies ist ein Kennzeichen einer modernen, ausdifferenzierten Gesellschaft. Ständig kommen wir in Situationen, in denen wir darauf vertrauen müssen, dass andere ihren Job verstehen und ihn nach bestem Wissen und Gewissen ausüben. Ist dieses Vertrauen brüchig oder schlägt es gar in Misstrauen um, kann Kommunikation kaum noch funktionieren. Slovic wurde bereits an anderer Stelle dieses Buches zitiert: „Wenn dem verantwortlichen Akteur vertraut wird, ist die Kommunikation relativ einfach. Wenn dieses Vertrauen fehlt, werden keine Form und kein Prozess der Kommunikation zufriedenstellend verlaufen." (Slovic 1993, 677; eigene Übersetzung)

Wann aber vertrauen Menschen einem verantwortlichen Akteur? Diese Frage ist kaum beantwortbar, und dennoch soll hier thesenhaft der Versuch einer Antwort unternommen werden.

(1) Voraussetzung ist, dass die Verbraucherin, der Verbraucher Vertrauen in die Expertise des Akteurs hat. D.h. ich muss als Laie den Eindruck gewinnen, dass der Akteur sein Aufgabenfeld fachlich wirklich versteht. Das allein allerdings genügt nicht, um Vertrauen zu generieren, denn...

(2) Es braucht einen Wertekonsens zwischen Verbraucher und Akteur. Ist dieser nicht vorhanden, wird der Verbraucher nicht einmal überlegen, ob er dem Akteur vertrauen will. Wertekonsens bedeutet: Ich muss davon ausgehen können, dass dem Akteur *dieselben* Werte wie mir wichtig sind. Für die

Kommunikation bedeutet dies, dass diese Werte auch explizit zum Thema gemacht werden müssen. Wenn man über Landwirtschaft kommunizieren will, gilt es demnach nicht nur Zahlen, Daten und Fakten zu vermitteln (dies ist etwas für Fachtagungen und den Austausch mit Kolleginnen und Kollegen), sondern auch die eigenen Wertvorstellungen: Menschen wollen nicht nur wissen, was jemand macht – sondern auch *warum*. Was sind die Werte und Ziele, an denen sich jemand orientiert?

(3) Es braucht wahrhafte Kommunikation: Das, was der Akteur sagt, muss stimmen. Hier zeigt sich ein Grundproblem des Vertrauens: Es baut sich langsam auf, aber verschwindet von einer Sekunde auf die andere, wenn man einer Lüge überführt wird.

(4) Gerade da sich Vertrauen langsam aufbaut, braucht es eine *Langfristigkeit* der Bemühungen. Exemplarisch: Wenn Sie zwei Akteure vor sich haben, und der eine betreibt seit gestern aktiv Umweltschutz, der andere aber kann zeigen, dass ihm dieses Ziel seit über dreißig Jahren ein persönliches Anliegen ist, ist wenig überraschend, wem Sie mehr Vertrauen entgegenbringen (wenn Ihnen selbst dieses Ziel auch wichtig ist, siehe „Wertekonsens".)[32]

(5) Probleme dürfen nicht kaschiert werden, im Gegenteil: Nichts erhöht die Glaubwürdigkeit mehr, als wenn jemand über die eigenen Schwierigkeiten spricht. Gerade hier hat die Landwirtschaft in den Kommunikationsbemühungen der vergangenen Jahrzehnte, so meine persönliche Überzeugung, manchen schwerwiegenden Fehler begangen. Probleme wurden totgeschwiegen oder als „Einzelfall" abgetan. Ratsamer

---

[32] Gerade die Langfristigkeit kann dabei in der und durch die Stabilität von Verbänden gefördert werden. Auch hier zeigt sich wieder der „Mix" bzw. das Ineinandergreifen von Organisation und Person.

wäre es gewesen, *selbst* auf die systemischen Probleme der Landwirtschaft hinzuweisen – bevor es andere tun. Das bedeutet auch: Probleme sollten nicht verteidigt werden. Ich halte es zum Beispiel für grundfalsch, wenn Landwirtinnen sich mit Kolleginnen solidarisieren, die das Tierschutzgesetz regelmäßig brechen. Gesetzesbrüche sind klar als solche zu benennen. Die Landwirtschaft ist in diesen Fragen keine „Schicksalsgemeinschaft".

Die Probleme selbst anzusprechen bedeutet, *aktiv* zu werden – statt immer nur zu reagieren. Wer reagiert, ist kommunikationstechnisch bereits in der Defensive. Damit verstärkt sich der Eindruck, der gegenwärtig ohnehin vorherrscht: Als würden die Forderungen nach „mehr Tierwohl" oder „Klimaschutz" stets nur „von außen" an die Landwirtschaft herangetragen werden; als würden die Landwirte und Landwirtinnen selbst keinerlei Interesse an diesen Werten haben. Dabei wäre gerade das Gegenteil wünschenswert: Dass Landwirtinnen und Landwirte selbst die Debatte voranbringen und als Innovatoren von „Tierwohl" und „Klimaschutz" wahrgenommen werden, als jene Berufsgruppe, die nicht nur die unmittelbare Verantwortung und Expertise in diesen Fragen hat, sondern auch Ideen generiert und die ganze, oftmals so behäbige Debatte voranbringt. (Hierbei würde sich eventuell „Überraschendes" zeigen, nämlich, dass Landwirte und bestimmte NGOs mitunter durchaus *gemeinsame Ziele* haben und sich nicht als unversöhnliche Gegner gegenüberstehen müssen.)

(6) Die Landwirtin sollte sich mit ihrem Produkt identifizieren. Beispielhaft: Es erhöht nicht gerade das Vertrauen, wenn ein Bauer *nicht* die Produkte isst, an deren Herstellung er selbst mitwirkt. Im besten Fall kann eine Bäuerin, ein Bauer sogar Auskunft über diese Produkte geben und erklären, was sie so besonders macht.

(7) Schließlich entsteht Vertrauen nur dort, wo kommuniziert wird. Der Begriff „Dialog" muss hier jedoch ernst genommen werden, denn er bedeutet eben nicht ein bloßes „Ich erkläre einer dummen Gesellschaft, was in der Landwirtschaft Sache ist", sondern eine Begegnung auf Augenhöhe. Dies ist freilich ein Balanceakt, denn: Die Landwirtin ist Expertin, der Konsument eben nicht. Entsprechend muss man nicht auf jedes Störfeuer von außen reagieren – gerade dann nicht, wenn man das, was man tut, mit bestem Wissen und Gewissen erledigt. Zugleich aber darf man sich gesellschaftlichen Erwartungen und einem *echten* Dialog nicht verschließen. Berufsfelder wandeln sich – und sie tun dies im Austausch mit der Gesellschaft.

#6 Mehr Kommunikation nach „innen" – Landwirtschaft braucht Supervision

Kommunikation wird oftmals als der Versuch verstanden, mit einem „Außen" in Kontakt zu treten. Beispielhaft denken die meisten Landwirte bei „Kommunikation" an einen Dialog mit Verbraucherinnen, Nachbarschaft, Bürgern oder Politik. Ebenso bedeutsam ist aber die Kommunikation nach „innen": Innerhalb des Betriebs, mit den Mitarbeiterinnen und Mitarbeitern, mit dem Partner oder auch mit Kolleginnen und Kollegen.

Diese „interne" Kommunikation sollte dabei *nicht* nur auf *fachliche* Fragen fokussieren, im Gegenteil: Landwirtschaft braucht so etwas wie Superversion, also den bewussten Austausch über Konflikte und Probleme, die einen alleine oder als Team fordern bzw. überfordern.

Um die Bedeutsamkeit dieses Austausches zu veranschaulichen, soll auf ein Beispiel eingegangen werden, genauer auf die Kommunikation in den sozialen Netzwerken: Gerade im Internet funktioniert „Person" besser als „Organisation". Soll heißen: Es ist spannender, einem „echten" Menschen bei der Arbeit zuzusehen, zu erfahren, was er macht, was er denkt, als die Aussendungen eines Verbands zu lesen. Entsprechend begeben sich viele Landwirtinnen und Landwirte in die sozialen Netzwerke, um dort ihren Hof und ihren Beruf zu präsentieren.

Wer aber als Einzelner kommuniziert, der muss wissen, worauf er sich einlässt, denn: Wo Kommunikation stattfindet, dort gibt es immer auch negative Erfahrungen. Kommunikation glückt nicht immer. Manchmal kommt es zu Missverständnissen, es hagelt Kritik, vielleicht wird man auch persönlich beleidigt und angegriffen. Wie heftig diese Beleidigungen ausfallen können, wurde im Rahmen einer Studie untersucht, die danach fragte, welche Erfahrungen Landwirtinnen und Landwirte auf einer Plattform wie Facebook machen (vgl. Dürnberger 2019b). Laut dieser Studie kommt es durchaus vor, dass sie mit „Hate speech" konfrontiert sind, dass sie und ihre Familie also beleidigt und bedroht werden.

Entscheidend scheint mir, dass Landwirtinnen und Landwirte auf derartige mögliche Erfahrungen vorbereitet werden – und dass sie sich darüber *austauschen*. Technische Schulungen, wie Videos für Instagram oder Postings für Facebook zu erstellen sind, reichen demnach bei weitem nicht aus. Wer kommuniziert, braucht Strategien, wie er mit negativen Konsequenzen umgeht. Hierbei – und auch bei anderen Fragen – kann im Besonderen der Austausch mit anderen Betroffenen hilfreich sein.

In allgemeinen Worten: Gerade die Landwirtschaft scheint ein soziales Milieu zu sein, in dem man immer noch ungern über Schwächen und persönliche Schwierigkeiten spricht (damit sind auch familiäre Konflikte zwischen den Generationen oder auch Eheprobleme gemeint). Dies ist zu ändern. Mehr Kommunikation nach „innen" sollte im Kontext der Landwirtschaft demnach bewusst den Austausch über Probleme, Konflikte und „seelische" Schieflagen fördern.

#7 Wie wirkt das, was ich tue und kommuniziere, auf andere?

Wir unterschätzen oft, wie unser Tun auf andere wirkt. Was für uns völlig normal ist, bleibt einem anderen Menschen unverständlich. Dies gilt auch und besonders in der Agrarkommunikation. Wählen wir als Beispiel das Thema „Tierwohl": Wie wird das Wohlergehen von Tieren wahrgenommen? Eine Studie (Busch et al. 2015) zeigte Konsumenten und Landwirten Fotos aus Ställen. Die unterschiedlichen Einschätzungen sind bemerkenswert: Eines der Fotos zeigte beispielsweise liegende Tiere in einem Stall. Während die Landwirte dazu tendierten, den Zustand der Tiere als „entspannt" zu beschreiben, fragten viele der Verbraucher – beim *identischen* Foto –, ob die Tiere denn „krank" seien.

Was lässt sich daraus ableiten? Wenn es den Tieren auf den Bildern wirklich nicht gut geht, sind die Landwirtinnen betriebsblind geworden oder haben schlicht andere Vorstellungen davon was an Haltungsbedingungen genügt als die Gesellschaft. Darf man hingegen davon ausgehen, dass die Tiere auf dem Foto wohlauf sind, ist das Fazit ein anderes, nämlich: Der Konsument ist der Landwirtschaft entfremdet. Die Verbraucherin kann mit Bildern aus der Nutztierhaltung nicht mehr allein gelassen werden. Dies würde folgendes Szenario möglich machen: „Ich mache als Bäuerin ein Bild meiner Tiere im Stall, poste dieses Bild auf Facebook, weil ich zeigen will, wie gut es meinen Tieren geht und wie ernst ich meine Verantwortung nehme… dieses Bild aber kommt bei manchen Verbraucherinnen ganz anders an, und zwar negativ."

Dieses potentielle Szenario soll Landwirte und Landwirtinnen nun nicht davon abhalten, Bilder ihres Betriebs zu veröffentlichen; es soll demnach nicht dazu auffordern, die Kommunikation ganz einzustellen. Allerdings zeigt das Beispiel: Bilder genügen nicht. Sie sind vielmehr erläuterungsbedürftig und müssen kommunikativ „betreut" werden, sprich, es gilt darauf zu achten, welche Reaktionen ein Bild hervorruft. Kann ich diese Reaktionen verstehen? Sieht der fachfremde Verbraucher möglicherweise etwas, für das ich betriebsblind geworden bin? Oder fehlt es meinem Gegenüber schlicht an Wissen, um das Bild beurteilen zu können – und kann ich dieses Wissen vermitteln? Kommunikation ist demnach kein Monolog, vielmehr gilt es darauf zu achten: Wie wirkt das, was ich tue und kommuniziere, auf andere?

#8 Kommunikation hängt vom Kommunikationskanal ab

In der öffentlichen Wahrnehmung findet Landwirtschaft weitgehend zwischen den zwei Bilderwelten „Idyll" und „Skandal" statt. (Diese Gegenüberstellung soll dabei nicht als Gegensatzpaar „Realität" und „Schein" missverstanden werden.) Das gegenwärtige Agrarmarketing verkauft Landwirtschaft oft als idyllisch und technikfern. Während zahllose nicht-landwirtschaftliche Produkte mit dem Hinweis auf Innovation und Technik verkauft werden, scheinen Produkte aus der Landwirtschaft einer anderen Logik in der Wahrnehmung der Konsumenten zu unterliegen. Statt moderner Produktionsbedingungen scheint die Käuferin hier eher technikferne Idylle zu wünschen. Entsprechend sieht die Konsumentin auf den Werbungen für Milch, Fleisch oder Eier eher selten Technik (wie einen neuen Melkstand), sondern eher Bauernhöfe, die beschaulich inmitten grüner Wiesen liegen – und bei deren Abbildungen es oft schwerfällt, zu erkennen, ob sie nicht doch ein Gemälde aus einem früheren Jahrhundert sind.

Gerade der Blick in die Ideengeschichte zeigt (vgl. Kapitel 2 und 8), dass die Sehnsucht nach Landwirtschaft als Idylle weit zurückreicht und tief verwurzelt ist. In diesem Sinne erscheint es nachvollziehbar und klug, diese Bilderwelten im Marketing zu verwenden. Dieses soll ja über Motive und Botschaften positive Gefühle auslösen und zum Kauf von Produkten anregen. Zugleich ist darüber zu reflektieren, ob die alleinige Inszenierung der Landwirtschaft als Idylle nicht auch kontraproduktive Konsequenzen hat, insofern sie beispielsweise Entfremdungstendenzen zwischen Landwirtschaft und Nicht-Landwirtschaft fördert. Die Bilderwelten und Projektionen sollten demnach zu keinen Stolpersteinen in der Kommunikation werden. Realitätsfremde Vorstellungen kippen in realitätsfremde Erwartungen. An dieser Stelle kann wiederholt werden, was weiter oben bereits Thema wurde: Umso wichtiger und wirksamer scheint die persönliche Begegnung zwischen Verbraucherin (bzw. Bürgerin) und Landwirtin vor Ort als eine notwendige Ergänzung zum klassischen Marketing.

In diesem Kontext wird oftmals völlige *Transparenz* gefordert. Die Landwirtschaft soll gezeigt werden, wie sie ist: Manchmal idyllisch, manchmal blutig. Das bedeutet: Bilder aus dem Schlachthof wären genauso zu kommunizieren wie Impressionen von Kühen auf der Weide. Ethisch betrachtet ist das plausibel: Wer Fleisch isst, sollte wissen, wie dieses Produkt „entsteht". Kann er nicht guten Gewissens damit leben, sollte er aufhören, Fleisch zu essen. Diese ethische Perspektive sollte die Landwirtschaft selbst forcieren, sprich: Man sollte die Bürgerinnen und Bürger dazu „zwingen", hinzuschauen: „So wird euer Fleisch gemacht." Alles andere nämlich führt nur dazu, dass man als Bauer, als Bäuerin einen Beruf ausübt, dessen Produkte zwar konsumiert werden, bei dem die Produktion jedoch ausgeblendet wird.

Zugleich stellt sich aus Sicht eines Unternehmens noch immer die strategische Frage des Kommunikations*kanals*: Was gezeigt und kommuniziert wird, hängt in jedem Unternehmen (sei es eine Partei, eine NGO, eine Firma oder eben ein landwirtschaftlicher Betrieb) nämlich davon ab, welcher Kanal bespielt wird.

Um dies zu veranschaulichen, kann ein möglicherweise ungewöhnlicher Vergleich gebracht werden: Stellen Sie sich vor, Sie führen ein Altenheim. Dort leben ältere Menschen bis zu ihrem Tod. Manche dement, manche schwer krank. Man muss diese Menschen pflegen und unterstützen – auch beispielsweise beim Toilettengang. Nun die Frage: Wie würden Sie Ihr Heim bewerben? Wie kommunizieren Sie über Ihre Institution?

Wahrscheinlich je nach Kommunikationskanal unterschiedlich. Wenn Sie ein Plakat gestalten, werden Sie darauf eher kein Bild abdrucken lassen, das zeigt, wie gerade Windeln gewechselt werden. Sie werden eher ein Bild wählen, das Geborgenheit ausstrahlt. Im persönlichen Gespräch hingegen, wenn beispielsweise jemand Sie im Heim besucht und wissen will, was Ihre Arbeit ausmacht, werden Sie transparent machen, was alles zu Ihrer Arbeit gehört – eben auch das Wechseln von Windeln. Was soll dieser Vergleich zeigen? Kommunikationskanäle werden aus guten Gründen unterschiedlich bespielt. Das bedeutet aber eben nicht, dass Dinge verschwiegen und vertuscht werden. Um beim Vergleich zu bleiben: Der Chef eines Altenheims agierte strategisch dumm, würde er versuchen, dass bestimmte Aspekte, die notwendigerweise zur Arbeit seines Berufs gehören, nicht an die Öffentlichkeit geraten. Alles soll gezeigt werden: Es kommt dabei aber eben auf den Kanal der Kommunikation an.

#9 Kommunikation findet auch dort statt, wo man es nicht erwartet – oder möchte

Kommunikation beginnt *nicht* in jenem Augenblick, wenn jemand denkt: „Nun beginne ich zu kommunizieren." Im Gegenteil: Kommunikation geschieht ständig. Ob man es will und beabsichtigt – oder nicht. Diese Tatsache wurde vom österreichischen Kommunikationswissenschaftler Paul Watzlawick (1921-2007) auf die oft zitierte Formel „Man kann nicht nicht kommunizieren" gebracht.

Für den vorliegenden Kontext bedeutet dies: Bei „Agrarkommunikation" denken viele an Werbung, Marketing, Fernsehen oder an die Präsenz in sozialen Netzwerken. Agrarkommunikation aber geschieht ständig; an zahllosen Orten, bei zahllosen Gelegenheiten. Wenn ein Landwirt einen Raum betritt, kommuniziert er bereits. Sei es durch die Kleidung, die er gewählt hat, durch den Gesichtsausdruck oder die Körperhaltung. Oder um ein anderes, konkretes Beispiel zu geben: Mir unvergessen ist die Aussage einer Bürgerin, die wir im Rahmen eines Forschungsprojekts hinsichtlich ihrer Ansichten zur Landwirtschaft interviewten. Dabei sagte diese unter anderem, frei zitiert: „Ach, die Bauern bei uns in der Nachbarschaft. Die sind alle arrogant. Seit sie die großen Traktoren haben, grüßen sie mich nicht mehr beim Vorbeifahren." Auch hier geschieht – misslingende – Agrarkommunikation. Es ist davon auszugehen, dass der Bauer in seiner Fahrerkabine an andere Dinge denkt, vielleicht sieht er die Passantin/Nachbarin gar nicht, vielleicht achtet er penibel auf den Straßenverkehr... und dennoch: Die Bürgerin hätte sich positive Kommunikation erwartet (nämlich einen Gruß) und ist darüber enttäuscht, dass dies nicht stattfindet.

Ein anderes Beispiel ist der Hof selbst: Auch dieser kommuniziert. Tagtäglich wandern Spaziergängerinnen an Bauernhöfen vorbei. Wie wirkt der Hof auf sie? Was sehen sie? Gibt es da zahllose Verbotsschilder, die auffordern, den Betrieb nicht zu betreten? Steht da der Familienname der Bauern? Wird eventuell sogar irgendwo erklärt, welche Produkte dieser Betrieb herstellt? Auch diese Fragen dürfen in Kommunikationsüberlegungen nicht ausgeblendet werden. Agrarkommunikation ist eben nicht nur TV, Radio oder Internet.

#10 Es braucht Landwirtinnen und Landwirte, die Klischees aufbrechen und irritieren

Welches Bild hat der Bürger vor Augen, wenn er an einen Landwirt denkt? Welches *Role-Model?* Denkt er an TV-Sendungen wie „Bauer sucht Frau?" Welche politischen Ansichten unterstellt er einem typischen Landwirt? Welchen Musikgeschmack assoziiert er mit einer Bäuerin? All diese (bloß beispielhaften) Fragen, so fürchte ich, würden ein sehr klischeehaftes Bild ergeben.

Ich erinnere mich an dieser Stelle an einen Tweet eines Salzburger Bauern. Er fotografierte, wie er im Traktor sitzend ein Buch las. Thema des Buchs: Feminismus. Ich unterstelle der Öffentlichkeit, dass solch ein Bild viele irritiert. Man hat andere Vorstellungen eines typischen Bauern, als dass er sich für ein derartiges Thema interessiert wie engagiert.

Persönlich bin ich davon überzeugt, dass eine derartige Irritation kommunikativ besonders wertvoll ist: Wo Klischees aufgebrochen werden, dort werden Leute neugierig und hinterfragen vorgefertigte Bilder und Meinungen. Es braucht demnach, so meine These, mehr Landwirtinnen und Landwirte, die Klischees aufbrechen – und darüber kommunizieren.

Dies kann freilich nicht erzwungen werden. Wahrhafte Kommunikation über einen selbst bedeutet, das eigene Leben so zu schildern, wie es ist. Aber jene Bauern und Bäuerinnen, die eventuell ein Stück weit mit bestimmten Vorstellungswelten brechen, sollten sich besonders dazu aufgerufen fühlen, aktiv zu kommunizieren. Sie zeigen die Vielfalt der Landwirtschaft, und eben diese kann Fronten überbrücken und Debatten eröffnen.

12. Kapitel

Blick in die Zukunft

Am Ende einer Lektüre steht oftmals der Wunsch nach einer *Zusammenfassung* oder einer *Vision*. Beide Erwartungen werden im Vorliegenden bewusst – ja, fast möchte ich schreiben: mit Freude – enttäuscht.

Der Wunsch nach einer *Zusammenfassung* ist nachvollziehbar: Wo eine „Summary", wichtige „Take-home-messages" oder essentielle „Dos and Don'ts" geliefert werden (man entschuldige die Anglizismen, aber so lauten die typischen Begriffe in diesem Kontext), da braucht es die vorangegangene Lektüre im Grunde gar nicht mehr.

All diese Dinge aber widersprechen der Intention dieses Buches: Ethische Reflexion, so wurde zu Beginn festgehalten, soll keine vorgegebenen Antworten predigen, die Punkt für Punkt befolgt und „nachgekaut" werden, vielmehr soll sie zu selbstständigem Hinterfragen der eigenen Praxis wie des „großen Ganzen" anleiten. Die einzig sinnvolle „Take-home-message" kann vor diesem Hintergrund nur der berühmte Satz von Immanuel Kant sein: „Habe Mut, dich deines eigenen Verstandes zu bedienen!"

Auch der Wunsch nach einer *Vision* ist naheliegend: Die Landwirtschaft ist umstritten, die Arbeitsprozesse werden komplexer, die Erwartungen steigen – kein Wunder also, dass viele die Frage stellen: Wie soll das alles weitergehen? Hierbei kann jedoch ebenso zurückgefragt werden: Sollte diese Vision nicht vor allem *aus der Landwirtschaft selbst* erwachsen? *Wenn* dieses Buch hierbei überhaupt einen Beitrag leisten kann, dann, indem es eventuell manche

Leserin, manchen Leser inspiriert, über diese Fragen nachzudenken – und dann hätte dieses Buch schon viel erreicht.

Vor dem Hintergrund des Gesagten liefert dieses abschließende Kapitel weder eine Zusammenfassung noch eine klare Vision, allenfalls thesenhafte Gedanken, die einem Stochern im Nebel gleichen; denn nichts Anderes ist der Blick in die Zukunft, da die Zukunft (der Landwirtschaft) eben mehr und anderes ist als eine bloße Hochrechnung der gegenwärtigen Bedingungen.

Das moderne landwirtschaftliche Berufsbild

Im Besonderen junge Landwirtinnen und Landwirte müssen in der Ausbildung explizit darauf vorbereitet werden, dass die Erwartungshaltung an die Landwirtschaft vielfältig ist – und dass diese Vielfalt ernst zu nehmen ist. Es geht nicht nur um die Bereitstellung von Nahrungsmitteln, sondern auch um die Berücksichtigung bestimmter Werte, wie Tier-, Umwelt-, und Klimaschutz. In diesem Spannungsfeld üben Landwirtinnen und Landwirte einen Beruf aus, der teilweise äußerst kritisch gesehen wird. Diese gesellschaftliche Kritik muss dabei mehr und mehr als etwas verstanden werden, das zum Beruf per definitionem dazugehört.

In anderen Worten: Zum modernen landwirtschaftlichen Berufsbild der Zukunft gehört nicht nur fachliche Exzellenz, sondern ebenso eine ethische Reflexionsfähigkeit, die einem Landwirt, einer Landwirtin erlaubt, sich den Fragen und Debatten der Zeit zu stellen:

- um die besondere persönliche Verantwortung für Nahrungsmittel, Tiere, Klima und Umwelt wissend;
- selbstbewusst – aber doch auch selbstkritisch;
- aktiv – nicht immer reaktiv;

- sich der eigenen Expertise gewiss – aber offen für Fragen und Sorgen der Gesellschaft

Landwirtschaft als Ort, an dem wir gemeinsam Werte realisieren

Es fehlt eine breite gesellschaftliche Debatte, welche Landwirtschaft wir als Gesellschaft eigentlich verantworten können und wollen. Die große, bislang weitgehend schweigende Mehrheit der Bevölkerung muss sich bekennen: Welche Landwirtschaft will sie? Erst auf Basis einer gemeinsamen Zielvorstellung kann so etwas wie ein neuer Gesellschaftsvertrag zwischen Landwirtschaft und Gesellschaft erarbeitet werden. Wird diese Debatte nicht geführt, ist es nicht zuletzt zum Schaden jener Akteure, die mit der Landwirtschaft beruflich zu tun haben. Diese Berufe sind in der Pflicht: Sie haben die Expertise und die unmittelbare Verantwortung für Nahrung, Tiere, Klima und Umwelt; eine *mittelbare* Verantwortung aber haben auch wir Bürgerinnen und Bürger: Wir sind es, die die Rahmenbedingungen der Landwirtschaft vorgeben.[33] Der Blick in den Stall und auf das Feld gleicht aus Sicht der Gesellschaft demnach einem Blick in den Spiegel: Wir sehen die Konsequenzen unserer Handlungen. Gefällt uns nicht, was wir sehen, müssen *wir* etwas ändern. In anderen Worten: Landwirtschaft ist seit jeher als gesellschaftlicher Ort der Produktion von Nahrungsmitteln verstanden worden; sie ist aber auch als ein Ort zu verstehen, an dem wir als Gesellschaft gemeinsam bedeutsame Werte realisieren.

---

[33] Das folgende Votum ist mittlerweile zur Phrase geworden, nichtsdestotrotz sei es wiederholt: Es ist es kein gangbarer Weg, bei Nahrungsmitteln immer nur auf den günstigsten Preis zu achten und gleichzeitig immer höhere Standards der Produktion einzufordern. Wie es auch – dieser Punkt soll nicht unter den Tisch fallen – ebenso wenig ein gangbarer Weg für die Landwirtschaft sein kann, etwaige Defizite im eigenen Betrieb stets bloß auf einen fehlenden Konsumentenwillen zurückzuführen.

Ein konstruktiver Umgang mit unterschiedlichen Überzeugungen

Mit Blick auf die nahe Zukunft ist zu erwarten, dass es zu einer weiteren Ausdifferenzierung der Konsumentinnen und Konsumenten kommt: Es wird weiterhin Menschen geben, die viel Fleisch essen, Hauptsache es ist günstig; fitnessbewusste Menschen werden ihre Ernährung vor allem nach Gesundheitsaspekten auswählen; mehr und mehr Allergiker werden bestimmte Nahrungsmittel meiden (müssen); manche Konsumentinnen werden nur „Bio" wollen; andere werden bewusst „regional" einkaufen; Veganer werden auf tierische Produkte verzichten; und natürlich wird es jede Menge „Mischformen" geben, z.B. Menschen, die Montag bis Freitag „achtlos" essen, Hauptsache es geht schnell, während sie am Wochenende mit bewusst ausgewählten Waren zu Hause kochen.

All das bedeutet: Es existiert ein Nebeneinander moralisch unterschiedlicher Wertüberzeugungen. Dies war in Gesellschaften immer Fall; das Spannende an Wertüberzeugungen mit Blick auf die Ernährung ist jedoch, dass diese Überzeugungen sichtbar sind, sprich: Wir sehen, wie unser Gegenüber moralisch „tickt", wenn wir seinen Teller betrachten. Dieses Sichtbarwerden erzeugt eine besondere Dynamik.

Eine entscheidende Frage der Zukunft wird daher nicht nur sein: Welche Landwirtschaft wollen wir? Sondern auch: Was tun wir, wenn wir in den entsprechenden Debatten *keinen* Konsens erreichen? Welche partizipativen Prozesse sind geeignet, um diesen Dissens im Rahmen einer Demokratie zu bearbeiten? In einfachen Worten: Wie gehen wir konstruktiv damit um, dass wir moralisch unterschiedlicher Meinung sind?

Die Frage nach den Menschen in der Nahrungsmittelproduktion

Wir leben in einer Gesellschaft, in der manche Berufe, die mit der Nahrungsmittelproduktion zu tun haben, quasi unsichtbar sind, bzw. sich lieber „wegducken" als bewusst die Öffentlichkeit zu suchen. Einen Schlachter für ein Interview zu gewinnen, beschrieb das „Zeit Magazin" vor wenigen Jahren exemplarisch als derart schwierig, „als versuche man, sich einem Pädophilen zu nähern." (Simon 2012)

Was geschieht mit Berufen, deren Arbeit – frei nach Norbert Elias – hinter den „Vorhang der Zivilisation" verschoben wird, weil die allermeisten Menschen die entsprechenden Bilder nicht sehen wollen? Wird Landwirtschaft mehr und mehr zur „Randwirtschaft"? Beispielhaft gefragt: Wollen wir in einer Gesellschaft leben, in der tagtäglich Millionen Menschen Fleisch essen – die aber zugleich jene „verschmäht" und „verstößt", die dieses Fleisch produzieren? Was sagt es über uns als Gesellschaft aus, dass gerade bestimmte Arbeiten in der Landwirtschaft – sei es am Feld oder in der Fleischverarbeitung – mehr und mehr an ausländische Arbeitskräfte vergeben werden müssen, da kaum noch jemand bei uns im Land dazu bereit ist, diese Jobs zu erledigen?

Während die Medizinethik sehr früh die Frage nach den relevanten Akteuren (Ärztinnen, Pfleger, pflegende Familiengehörige etc.) und ihrem Wohlbefinden, ihren Entscheidungen oder auch ihrem Überfordert-Sein gestellt hat, finden entsprechende Debatten mit Blick auf die Landwirtschaft bislang kaum statt. Dies sollte sich ändern. Beispielhaft: Wie geht es den Arbeitern in unseren Schlachthöfen? Wie steht es um das Wohlbefinden der Bauern und Bäuerinnen in unserem Land? Wer sind die Erntehelferinnen, die während der Corona-Krise plötzlich so wichtig waren, dass sie eingeflogen worden sind? Eine zukünftige Landwirtschaftsethik hat nicht „nur" nach

Umwelt, Klima und Tieren zu fragen, sondern gerade auch nach den *Menschen* in der Nahrungsmittelproduktion.

Landwirtschaft im Brennpunkt

Wenn man sich all die Erwartungen an Landwirtschaft noch einmal in einem Zeitraffer vor Augen führt, lässt sich festhalten: Landwirtschaft liegt im *Brennpunkt der gegenwärtigen Gesellschaft*. In ihr laufen zahllose Fäden zusammen: Klimakrise, Tierschutz, Umweltschutz, die Gestaltung des ländlichen Raums, das emotionale Thema der Ernährung, die Identität einer Region, Tourismus, die Energiewende... viele Themen und Fragen, die die Menschen grundsätzlich beschäftigen, betreffen die Landwirtschaft. Was passiert mit einem Berufsfeld, in dem die Fäden zusammenlaufen?

1. Dort wird aus einer Aufgabe eine verantwortungsvolle Aufgabe. In diesem Sinne ist die Arbeit in der Landwirtschaft gerade in der heutigen Zeit ein hochverantwortungsvoller Beruf.
2. Dort braucht es Expertise. Es gilt, Wissen zu erwerben und dieses Wissen kontextabhängig anwenden zu können.
3. Schließlich wird dort, wo die Fäden zusammenlaufen, auch gestritten. Landwirtschaft aber ist nicht nur ein Thema, um das gestritten wird, sondern, um das es sich auch zu streiten lohnt – mit der Betonung auf *lohnt*.

In abschließenden Worten: Landwirtinnen und Landwirte haben einen Beruf, der den Menschen nicht egal ist. Und das sollten sie durchaus positiv sehen. Die allermeisten Berufe sind den Menschen nämlich völlig egal – und das können Sie *mir*, lieber Leser, liebe Leserin, im Besonderen glauben, denn ich habe einen davon.

Selbsttest und
weiterführende Reflexionsfragen

Das vorliegende Buch kann als Lehrbuch Verwendung finden. Für Studierende und Schülerinnen und Schüler, die sich näher mit ethischen Begriffen und Konzepten beschäftigen, sind im Folgenden Prüfungsfragen zu jenen Kapiteln zusammengestellt, die zentrale Inhalte vermittelten.

Dieser „Selbsttest" soll ihnen zeigen, inwieweit sie die kennengelernten Termini und Argumente korrekt erläutern können.

Darüber hinaus werden hier nicht nur die philosophischen Literaturtipps wiederholt, sondern auch die weiterführenden Reflexionsfragen: Diese taugen als Aufgabenstellungen für selbstständige Diskussionen. Sie können beispielsweise als Themen für schriftliche Seminararbeiten verwendet werden.

Kapitel 1
Der Streit um die Landwirtschaft. Was hat sich geändert?

Selbsttest
Was hat sich mit Blick auf das Verhältnis „Landwirtschaft – Gesellschaft" in den vergangenen Jahrzehnten verändert? Nennen Sie mindestens vier Aspekte und erläutern Sie diese kurz.

Weiterführende Reflexionsfrage
Inwieweit kann ein Landwirt, eine Landwirtin heute argumentieren „Meine Aufgabe ist es, genug Nahrungsmitteln bereitzustellen. Andere Verantwortungen habe ich nicht"?

Kapitel 2

Die Erwartungen der Gesellschaft an die Landwirtschaft

Selbsttest

(1) Welche Erwartungen richtet die gegenwärtige Gesellschaft an Landwirtschaft?

(2) Beschreiben Sie das Phänomen „sozial erwünschte Antworten".

(3) Erläutern Sie den Begriff „Consumer-Citizen-Gap".

(4) Welche Vorstellungen lassen sich in der Geschichte mit Blick auf die Fruchtbarkeit der Natur finden?

(5) Erklären Sie, was unter „Romantisierung des Bäuerlichen" gemeinhin verstanden wird.

Weiterführende Reflexionsfragen

(1) Sollte das Agrarmarketing bewusst auf (zu) idyllische Bilder verzichten und eher auf die zunehmende Technisierung und Digitalisierung der Landwirtschaft fokussieren? Wenn ja, warum? Wenn nein, warum nicht?

(2) Wie soll der einzelne Landwirt, die einzelne Landwirtin damit umgehen, dass die Erwartungen an die Nahrungsmittelproduktion steigen – die allermeisten Konsumentinnen und Konsumenten aber nur bedingt bereit sind, auch mehr Geld für ihr Essen auszugeben?

Kapitel 3
Was bedeutet Ethik?

Selbsttest
(1) Beschreiben Sie in eigenen Worten den Unterschied zwischen „Moral"
und „Ethik".
(2) Wie verhält sich Ethik zu Recht?
(3) Was kennzeichnet eine moralische Frage im Unterschied zu einer
technischen?
(4) Bringen Sie ein Beispiel für die zunehmende Moralisierung von
Lebensbereichen.

Weiterführende Reflexionsfrage
Inwieweit ist die zunehmende Moralisierung von Lebensbereichen Zeichen
eines kulturellen Fortschritts – oder führt sie zur Überforderung?

Philosophischer Literaturtipp
Bleisch, Barbara; Huppenbauer, Markus: Ethische Entscheidungsfindung.
Ein Handbuch für die Praxis.

Kapitel 4

Schutz von Umwelt und Klima – warum eigentlich?

Selbsttest

(1) Erläutern Sie den Unterschied zwischen anthropozentrischen und nicht-anthropozentrischen Argumenten im Naturschutz.

(2) Erklären Sie das so genannte „Basic-needs-Argument". Welches weitere Argument für Naturschutz mit Fokus auf menschliche Interessen wird oft genannt?

(3) Was bedeutet „moralischer Eigenwert", manchmal auch „intrinsischer Wert" genannt? Setzen Sie diese Begriffe in Beziehung zur so genannten „Moralischen Gemeinschaft".

(4) Erläutern Sie in eigenen Worten die Position des Biozentrismus.

Weiterführende Reflexionsfragen

(1) Welche Begründung halten Sie für Umwelt- und Klimaschutz für plausibler: Eine anthropozentrische oder eine nicht-anthropozentrische? Wo liegen die Stärken bzw. Schwächen beider Positionen?

(2) Beschreiben Sie die besondere Verantwortung der Landwirtschaft für Umwelt und Klima aus Ihrer Perspektive. Wo liegen hier die entscheidenden Probleme?

Philosophischer Literaturtipp

Krebs, Angelika (Hrsg.): Naturethik. Grundtexte der gegenwärtigen tier- und ökoethischen Diskussion.

Kapitel 5

Eine kurze Einführung in die Tierethik

Selbsttest
1. Erklären Sie folgende vier tierethischen Positionen: Radikaler Anthropozentrismus, Pathozentrismus, Tierwohl-Konzepte und Tierrechts-Positionen.
2. Was besagt das pädagogische Argument bei Kant?
3. Erläutern Sie ein Argument, das die Schlachtung von Tieren moralisch zu rechtfertigen versucht.

Weiterführende Reflexionsfragen
1. Lesen Sie nochmals das zentrale Zitat von Tom Regan im vorangegangenen Kapitel. Was erwidern Sie dieser Position? Hat Regan Recht? Wenn ja, warum? Und was bedeutet es für die Landwirtschaft? Wenn nein, warum nicht?
2. Beschreiben Sie aus Ihrer persönlichen Perspektive das Verhältnis von Produktivität von Tieren und Tierwohl.
3. Diskutieren Sie das so genannte „Kükentöten": Wie beurteilen Sie diese Praxis moralisch und warum?

Philosophischer Literaturtipp
Grimm, Herwig; Wild, Markus: Tierethik zur Einführung. Junius Verlag.

Kapitel 6

Kontroversen verstehen.

Die Debatte um die Grüne Gentechnik

Selbsttest
1. Beschreiben Sie in eigenen Worten die Unterscheidung von Interessen-, Wissens- und Wertekonflikten.
2. Erläutern Sie den Gedankengang der so genannten „Heuristik der Furcht" von Hans Jonas.

Weiterführende Reflexionsfrage
Denken Sie an eine Kontroverse rund um Ihren Beruf. Inwieweit handelt es sich hierbei um einen Konflikt von Interessen, Wissen und Werten? Versuchen Sie sich in einer Analyse.

Philosophischer Literaturtipp
Dürnberger, Christian: Natur als Widerspruch. Die Mensch-Natur-Beziehung in der Kontroverse um die Grüne Gentechnik. Nomos.

Kapitel 7

Besser argumentieren?

Selbsttest

Erläutern Sie in eigenen Worten die diskutierten Argumentationsfiguren:

1. Argumentum ad hominem („auf den Menschen gerichtet")
2. Argumentum ad verecundiam („aus Ehrfurcht")
3. Sein-Sollen-Fehlschluss
4. Das „Strohmann-Argument"
5. Das „Dammbruch-Argument" („Slippery Slope")
6. Das „Falsche Dilemma"
7. Argumentum ad populum
8. Anekdote statt Argument

Philosophischer Literaturtipp

Bleisch, Barbara; Huppenbauer, Markus: Ethische Entscheidungsfindung. Ein Handbuch für die Praxis.

Kapitel 8

Die Sehnsucht nach dem landwirtschaftlichen Idyll

Selbsttest

1. Erläutern Sie den Begriff „Biofakte" und bringen Sie Beispiele hierfür.

2. Erklären Sie das Konzept des „Goldenen Zeitalters" samt Beispielen. Inwieweit existieren auch Gegenmodelle?

Weiterführende Reflexionsfragen

1. Inwieweit kann der „Naturbegriff" heute noch sinnvoll verwendet werden? Bräuchte es eine neue Begrifflichkeit, die klarer anzeigt, dass wir es nicht mehr mit „unberührter" Natur zu tun haben? Oder sind auch „Biofakte" immer noch „natürlich"?

2. Inwieweit sollte das Agrarmarketing bewusst auf die Inszenierung der Landwirtschaft als „idyllisch" und „beschaulich" verzichten und stattdessen die Technisierung und den Fortschritt in den Fokus stellen? Was spricht dafür? Was dagegen?

Kapitel 9

Landwirtschaft 4.0.

Ein ethisches Diskussionsmodell

Selbsttest

1. Was kann unter dem Begriff „Landwirtschaft 4.0" verstanden werden? Versuchen Sie eine Definition und nennen Sie Beispiele „vom Feld" und aus „dem Stall".
2. Welche Potentiale weist eine „Landwirtschaft 4.0" auf?
3. Nennen Sie mindestens drei Kritikpunkte: Welche Dynamiken einer „Landwirtschaft 4.0" können kritisch gesehen werden?

Weiterführende Reflexionsfrage

Wählen Sie zwei konkrete Anwendungen einer „Landwirtschaft 4.0" aus und versuchen Sie sich in einer stringenten ethischen Beurteilung anhand der vier Schritte.

Kapitel 10

Warum essen wir, was wir essen?

Selbsttest
Versuchen Sie das vorgestellte Modell in eigenen Worten zu beschreiben: Anhand welcher Kriterien entscheiden Menschen darüber, was sie essen? Welche Ebenen sind hierbei entscheidend? (Wenn Ihnen die diskutierten Kriterien nicht plausibel erscheinen, üben Sie Kritik am Modell. Wenn Ihres Erachtens entscheidende Überlegungen fehlen, nennen Sie diese.)

Weiterführende Reflexionsfrage
Versuchen Sie sich in einem Vergleich von verschiedenen Nahrungsmitteln anhand der zwölf vorgestellten Kriterien. Wählen Sie selbst ein Beispiel oder verwenden Sie das folgende: (1) Insekten, (2) klassisches Fleisch (beispielsweise vom Schwein, Rind, Geflügel), (3) „Laborfleisch".

Kapitel 11

Mehr Kommunikation – aber wie?

Selbsttest
(1) Erklären Sie in ein, zwei Sätzen die „Agenda-Setting-Hypothese".
(2) Was bedeutet die Beschreibung des Journalismus als „Gatekeeper"?
(3) Erläutern Sie die Theorie der „Nachrichtenwerte".

Literaturverzeichnis

ARISTOTELES: Rhetorik. Übersetzt von Gernot Krapinger. Reclam, Stuttgart.

AUBERT, VILHELM (1973): Interessenkonflikt und Wertkonflikt. Zwei Typen des Konflikts und der Konfliktlösung. In: Bühl, Walter L. (Hrsg.): Konflikt und Konfliktstrategie. Ansätze zu einer soziologischen Konflikttheorie. 2. Auflage. München, Nymphenburger Verlagsbuchhandlung. 178-205.

BEAUCHAMP, TOM; CHILDRESS, JAMES (2001): Principles of Biomedical Ethics. 5. Auflage. Oxford University Press, New York u.a.

BENZ-SCHWARZBURG, JUDITH (2012): Verwandte im Geiste - Fremde im Recht: Sozio-kognitive Fähigkeiten bei Tieren und ihre Relevanz für Tierethik und Tierschutz. Erlangen, Fischer.

BIRNBACHER, DIETER (2006): Natürlichkeit. Walter de Gruyter, Berlin und New York.

BLEISCH, BARBARA; HUPPENBAUER, MARKUS (2011): Ethische Entscheidungsfindung. Ein Handbuch für die Praxis. Versus, Zürich.

BMUB (BUNDESMINISTERIUM FÜR UMWELT, NATURSCHUTZ, BAU UND REAKTORSICHERHEIT) (2015): Naturbewusstsein 2015. Bevölkerungsumfrage zu Natur und biologischer Vielfalt. Berlin. In: https://www.bfn.de/fileadmin/BfN/gesellschaft/Dokumente/Naturbewusstsein-2015_barrierefrei.pdf (12.4.2020).

BOGNER, ALEXANDER; MENZ, WOLFGANG (2010): Konfliktlösung durch Dissens? Bioethikkommissionen als Instrument der Bearbeitung von Wertkonflikten. In: Feindt, Peter H.; Saretzki, Thomas (Hrsg.): Umwelt- und Technikkonflikte. Verlag für Sozialwissenschaften, Wiesbaden. 335-353.

BOSSELMANN, KLAUS (1992): Im Namen der Natur. Der Weg zum ökologischen Rechtsstaat. Scherz Verlag, Bern, München und Wien.

BURKART, ROLAND (2002): Kommunikationswissenschaft. Grundlagen und Problemfelder. Umrisse einer interdisziplinären Sozialwissenschaft. (4., überarbeitete und aktualisierte Auflage.) Wien, Köln und Weimar: Böhlau.

BUSCH, G., GAULY, S., SPILLER, A. (2015): Wie wirken Bilder aus der modernen Tierhaltung der Landwirtschaft auf Verbraucher? Neue Ansätze aus dem Bereich des Neuromarketings, in: Schriftenreihe der Rentenbank 31, Die Landwirtschaft im Spiegel von Verbrauchern und Gesellschaft, 67-94.

BUSCH, ROGER J.; HANIEL, ANJA; KNOEPPFFLER, NIKOLAUS; WENZEL, GERHARD (2002): Grüne Gentechnik. Ein Bewertungsmodell. Herbert Utz Verlag, München.

CYPRIAN: Ad Demetrianum. Deutsche Übersetzung durch Julius Baer. In: Des Heiligen Kirchenvaters Caecilius Cyprianus Traktate. Des Diakons Pontius Leben des Hl. Cyprianus. Bibliothek der Kirchenväter, 1. Reihe, Band 34. CSEL (Corpus Scriptorum

Ecclesiasticorum Latinorum) Band 3. Kösel, Kempten und München 1918. In: https://www.unifr.ch/bkv/buch151.htm (12.4.2020)

DE BOTTON, ALAIN (2018): Trost der Philosophie. Eine Gebrauchsanweisung. Fischer, Frankfurt am Main.

DESCARTES, RENÉ (1990): Discours de la méthode. Hamburg : Felix Meiner Verlag.

DÜRNBERGER, CHRISTIAN (2008): Der Mythos der Ursprünglichkeit – Landwirtschaftliche Idylle und ihre Rolle in der öffentlichen Wahrnehmung. In: Forum TTN. Nummer 19. Herbert Utz Verlag, München. 45-52.

DÜRNBERGER, CHRISTIAN (2018): Digitalisierung im Stall. Ethische Perspektiven auf einen Trend der Zukunft. In: Tierärztliche Umschau. Nr. 11/2018. 391-394.

DÜRNBERGER, CHRISTIAN (2019a): Natur als Widerspruch. Die Mensch-Natur-Beziehung in der Kontroverse um die Grüne Gentechnik. TTN-Studien 8. Nomos: Baden-Baden.

DÜRNBERGER, CHRISTIAN (2019b): 'You should be slaughtered!' Experiences of criticism/hate speech, motives and strategies among German-speaking livestock farmers using social media. International Journal of Livestock Production, 10(5), 151-165.

ELIAS, NORBERT (1988): Über den Prozeß der Zivilisation. Soziogentische und psychogenetische Untersuchungen. Erster Band. Frankfurt am Main: Suhrkamp.

ELVERS, HORST-DIETRICH (2005): Lebenslage, Umwelt und Gesundheit. Der Einfluss sozialer Faktoren auf die Entstehung von Allergien. Deutscher Universitäts-Verlag, Köln.

EUROBAROMETER (2010): Biotechnologie. Eurobarometer Spezial 328. Brüssel. In: http://ec.europa.eu/public_opinion/archives/ebs/ebs_341_de.pdf (12.4.2020).

FASCHING, CHRISTIAN (2016): Precision Livestock Farming - Überblick über Systeme in der Rinderhaltung und ihre Bedeutung für Tierwohl und Tiergesundheit. In: Gumpenstein 2016, 15-22.

FRANKENA, WILLIAM K. (1997): Ethik und die Umwelt. In: Krebs, Angelika (Hrsg.): Naturethik. Grundtexte der gegenwärtigen tier- und ökoethischen Diskussion. Suhrkamp, Frankfurt am Main. 271-295.

FUCHS, C. (2014): Dauernd Stoff vom Arzt. In: Die Zeit, 27. November 2014, Nr.49/2014, Hamburg. Online unter: http://www.zeit.de/2014/49/antibiotika-im-fleisch-tiermedizin (12.4.2020)

HAMPEL, JÜRGEN (2012): Risiko in der Debatte um die Grüne Gentechnik. Zur Klärung der Divergenz von Experten- und Laieneinschätzung. In: Grimm, Herwig; Schleissing, Stephan (Hrsg.): Grüne Gentechnik. Zwischen Forschungsfreiheit und Anwendungsrisiko. Baden-Baden, Nomos. 133-150.

HANSMEYER, KARL-HEINRICH; RÜRUP, BERT (1973): Umweltgefährdung und Gesellschaftssystem. In: Wirtschaftspolitische Chronik, Heft 2/1973. Herausgegeben vom Institut für Wirtschaftspolitik an der Universität Köln. 7-28.

HEILAND, STEFAN (1992): Naturverständnis. Dimensionen des menschlichen Naturbezugs. Wissenschaftliche Buchgesellschaft Darmstadt, Darmstadt.

HERING, SVEN (2002): Unternehmen und Behörden in der Konfliktsituation Umweltschutz. Spieltheoretische und empirische Analyse für die Bundesrepublik Deutschland. Deutscher Universitäts-Verlag, Köln.

HERRMANN, BERND; SIEGLERSCHMIDT, JÖRN (2017): Umweltgeschichte in Beispielen. Springer Fachmedien, Wiesbaden.

HOY, S. (2015): Use of automatically measured rumination for heat detection, health monitoring and prognosis of calving. Tierarztliche Umschau 70 (1-2), 3-13.

JONAS, HANS (1984): Das Prinzip Verantwortung. Versuch einer Ethik für die technologische Zivilisation. Suhrkamp, Frankfurt am Main.

KANT, IMMANUEL: Metaphysik der Sitten, Tugendlehre.

KARAFYLLIS, NICOLE (2003): Das Wesen der Biofakte. In: Karafyllis, Nicole (Hrsg.): Biofakte. Versuch über den Menschen zwischen Artefakt und Lebewesen. Mentis, Paderborn. 11-27.

KLAPPERICH, ANETTE (1998): Umwelt. In: Korff, Wilhelm; Beck; Lutwin; Mikat, Paul (Hrsg.): Lexikon der Bioethik. Band 3. Herausgegeben im Auftrag der Görres-Gesellschaft. Gütersloher Verlag, Gütersloh.

KORFF, WILHELM; BAMMERLIN, RALF (1998): Konflikt. Konfliktforschung. In: Korff, Wilhelm; Beck; Lutwin; Mikat, Paul (Hrsg.): Lexikon der Bioethik. Band 2. Herausgegeben im Auftrag der Görres-Gesellschaft. Gütersloher Verlag, Gütersloh. 419-424.

KREBS, ANGELIKA (1997): Naturethik im Überblick. In: Krebs, Angelika (Hrsg.): Naturethik. Grundtexte der gegenwärtigen tier- und ökoethischen Diskussion. Suhrkamp, Frankfurt am Main. 337-379.

KUNZMANN, PETER (2007): Die Würde des Tieres - zwischen Leerformel und Prinzip. Verlag Karl Alber.

KWASNIEWSKI, N. (2015): Die Wurst ist die Zigarette der Zukunft. Online: http://www.spiegel.de/wirtschaft/ruegenwalder-muehle-verkauft-vegetarische-wurst-a-1023898.html (12.4.2020)

LAKTANZ: De ira Die. Vom Zorne Gottes. Aus dem Lateinischen übersetzt von Aloys Hartl. Bibliothek der Kirchenväter, 1. Reihe, Band 36. Verlag der Jos, München 1919. In: https://www.unifr.ch/bkv/buch58.htm (12.4.2020)

MEADOWS, DONELLA H.; MEADOWS, DENNIS L.; RANDERS, JØRGEN; BEHRENS III, WILLIAM W. (1972): The Limits to Growth. A report for the Club of Rome's Project on the Predicament of Mankind. Universe Books, New York.

MEPHAM, B; KAISER, M; THORSTENSEN, E; TOMKINS, S; MILLAR, K (Hrsg.): Ethical Matrix. Den Haag 2006.

MEYER, ANNE-ROSE (2017): Einführung: Essen und Theorien des Essens. Interdisziplinäre Perspektiven. In: Kashiwagi-Wetzel, Kikuko; Meyer, Anne-Rose (Hrsg.): Theorien des Essens. Suhrkamp Taschenbuch, Frankfurt. 15-66.

MILL, JOHN STUART (1984 [EA postum 1874]): Natur. In: Mill, John Stuart: Drei Essays über Religion. Reclam, Stuttgart. 9-33.

MUES, ANDREAS; SCHELL, CHRISTIANE; ERDMANN, KARL-HEINZ (2017): Die Naturbewusstseinsstudie als neues Instrument der Naturschutzpolitik in Deutschland – Hintergründe, Zielsetzungen und erste Erkenntnisse. In: Rückert-John, Jana (Hrsg.): Gesellschaftliche Naturkonzeptionen. Ansätze verschiedener Wissenschaftsdisziplinen. Springer Fachmedien, Wiesbaden. 17-34.

NYDEGGER, F. UND KELLER, M. (2011): Wiederkausensor für Milchkühe: automatisches Erfassen der Kau-und Fressaktivität zur Gesundheitsüberwachung. Tänikon, Forschungsanstalt Agroscope Reckenholz-Tänikon ART.

OVID: Verwandlungen. Auswahl. Bearbeitung und Nachwort von Wilhelm Plankl. Unter Mitwirkung von Karl Vretska. Reclam, Stuttgart 1997.

PETERS, HANS PETER (2008): Der Einfluss von Vertrauen auf die Einstellungen zur Grünen Gentechnik. In: Busch, Roger; Prütz, Gernot (Hrsg.): Biotechnologie in gesellschaftlicher Deutung. Herbert Utz Verlag, München. 131-155.

PLINIUS: Naturalis historia. Naturkunde. Herausgegeben und übersetzt von Roderich König in Zusammenarbeit mit Gerhard Winkler. Artemis und Winkler, Düsseldorf und Zürich 1997.

POTTHAST, THOMAS (1999): Die Evolution und der Naturschutz. Zum Verhältnis von Evolutionsbiologie, Ökologie und Naturethik. Campus Verlag, Frankfurt am Main und New York.

RADKAU, JOACHIM (2002): Natur und Macht. Eine Weltgeschichte der Umwelt. Verlag C.H. Beck, München.

REGAN, TOM (1997): Wie man Rechte für Tiere begründet. In: Krebs, Angelika (Hrsg.): Naturethik. Grundtexte der gegenwärtigen tier- und ökoethischen Diskussion. Suhrkamp Taschenbuch, Frankfurt am Main. 33-46.

REITH, S.; FENGELS, I. UND HOY, S. (2012): Untersuchungen zur Brunsterkennung bei Kühen mit der automatisch gemessenen Wiederkauaktivität. Züchtungskunde 84 (4), 281-292.

REITH, S. UND HOY, S. (2012): Relationship between daily rumination time and estrus of dairy cows. Journal of Dairy Science 95 (11), 6416-6420.

RIPPE, K.P. (2002): Schades es Kühen, Tiermehl zu fressen? In: M. Liechti (Hrsg.): Die Würde des Tieres. Erlangen. Harald Fischer Verlag. 233-242.

ROUSSEAU, JEAN-JACQUES (1983): Schriften zur Kulturkritik. Meiner, Hamburg.

SCHMIDT, K. (2015): Wohlergehen. In: Arianna Ferrari und Klaus Petrus (Hrsg.): Lexikon der Mensch-Tier-Beziehungen. Transcript, Bielefeld. 422-424.

SCHOPENHAUER, ARTHUR: Über die Grundlage der Moral. Herausgegeben von Peter Welsen. Meiner, Hamburg 2007.

SCHWEITZER, ALBERT (1974): Gesammelte Werke in 5 Bänden. Band 2. Beck, München.

SIEGRIST, MICHAEL (2001): Die Bedeutung von Vertrauen bei der Wahrnehmung und Bewertung von Risiken. Arbeitsbericht. Nr. 197 der Akademie für Technikfolgenabschätzung in Baden-Württemberg. In: http://elib.uni-stuttgart.de/opus/volltexte/2004/1887/pdf/AB197.pdf (12.4.2020).

SIMON, J. (2012) Fleisch. In: Zeit Magazin. Online: http://www.zeit.de/2012/26/Fleisch-Tier-Schlachter (12.4.2020)

SINGER, PETER (1994): Praktische Ethik. 2. Auflage. Stuttgart.

SLOVIC, PAUL (1993): Perceived risk, trust, and democracy. In: Risk Analysis. 13/1993. Wiley Online Library. 675-682.

SPECIAL EUROBAROMETER (2018): Special Eurobarometer 473. Europeans, Agriculture and the CAP. Retrieved February 10, 2019. https://data.europa.eu/euodp/data/dataset/S2161_88_4_473_ENG (12. April 2020).

TAYLOR, PAUL W. (1997): Die Ethik der Achtung gegenüber der Natur. In: Krebs, Angelika (Hrsg.): Naturethik. Grundtexte der gegenwärtigen tier- und ökoethischen Diskussion. Suhrkamp, Frankfurt am Main. 111-143.

WARREN, C. (1934): Modern News Reporting. (dt.: ABC des Reporters.) München 1959.

WBA (Wissenschaftlicher Beirat Agrarpolitik beim BMEL) (2015): Wege zu einer gesellschaftlich akzeptierten Nutztierhaltung. Gutachten. Berlin, März 2015. Online unter: http://www.bmel.de/DE/Ministerium/Organisation/Beiraete/_Texte/AgrBeirGutachten Nutztierhaltung.html (12.4.2020)

WILLEMS, ULRICH (2016): Wertkonflikte als Herausforderung der Demokratie. Springer, Wiesbaden.

WINCKLER, HUGO (Hrsg.) (2010): Der Codex Hammurabi in deutscher Übersetzung. Europäischer Hochschulverlag, Bremen.

ZICHY, MICHAEL; DÜRNBERGER, CHRISTIAN; FORMOWITZ, BEATE; UHL, ANNE (2014): Energie aus Biomasse. Ein ethisches Diskussionsmodell. 2., aktualisierte Auflage. Vieweg und Teubner, Wiesbaden.